国家示范性高职建设教材·电子商务专业

信息家电
工程设计与实施

主　编　韩玉君　刘宏韬
副主编　冯宪伟　李松林

南京大学出版社

图书在版编目(CIP)数据

信息家电工程设计与实施 / 韩玉君,刘宏韬主编.
— 南京:南京大学出版社,2016.1
(国家示范性高职建设教材·电子商务专业)
ISBN 978-7-305-14683-1

Ⅰ. ①信⋯ Ⅱ. ①韩⋯ ②刘⋯ Ⅲ. ①信息技术—应用—日用电气器具 Ⅳ. ①TM925

中国版本图书馆 CIP 数据核字(2015)第 018210 号

出版发行	南京大学出版社
社　　址	南京市汉口路 22 号　　邮编 210093
出 版 人	金鑫荣
丛 书 名	国家示范性高职建设教材·电子商务专业
书　　名	**信息家电工程设计与实施**
主　　编	韩玉君　刘宏韬
责任编辑	王秉华　王抗战　　　编辑热线　025-83596997
照　　排	南京理工大学资产经营有限公司
印　　刷	南京人民印刷厂
开　　本	787×1092　1/16　印张 8.25　字数 200 千
版　　次	2016 年 1 月第 1 版　　2016 年 1 月第 1 次印刷
ISBN	978-7-305-14683-1
定　　价	21.00 元

网　　址:http://www.njupco.com
官方微博:http://weibo.com/njupco
官方微信号:njupress
销售咨询热线:(025)83594756

* 版权所有,侵权必究
* 凡购买南大版图书,如有印装质量问题,请与所购
　图书销售部门联系调换

前　言

　　物联网技术目前正处于蓬勃发展的阶段,随着物联网技术的发展,推延出很多的行业型应用,本书以信息家电在物联网中的应用为概念的基础上,详细描述了信息家电技术中的系统硬件和软件的安装调试。

　　全书以一个完整的项目为引导,以工作过程化的方式进行编写。

　　由于编者才疏学浅,水平有限,如有不妥之处,恳请批评指正。本书共分为五个大项目,内容贯穿了物联网应用系统开发的整个过程。具体包括:智能灯光控制系统、门禁系统、智能环境控制系统、智能安防系统、智能监控系统的开发设计和系统实施。在每个项目下面分有多个任务,每一个任务都由任务情境引出,本教材所有任务情境均以北京凌阳爱普科技有限公司的《信息家电实训平台》的开发、测试、实施人员的具体工作为真实情境展开,同学们可以通过这些工作情境,带着问题和任务有针对性的进行相关知识的内容的学习任务或问题的引导下高效率地完成本任务的学习目标,掌握物联网应用技术的开发、测试和实施的专业技能,熟悉物联网应用系统从设计到实施的全过程。学生通过实现实训平台的全部功能,可以将其掌握的知识和技能无缝迁移到真实的信息家电系统或其他类似的物联网应用系统中去。为之后的工作就业打下扎实的专业基础。

　　由于编者才疏学浅,水平有限,如有不妥之处,恳请批评指正。

编写组

目 录

项目任务情境说明 …………………………………………………………………… 1

项目一 智能灯光控制系统的设计开发 ………………………………………… 2
    任务一 智能灯光控制系统需求分析 ……………………………………… 2
    任务二 智能灯光控制系统项目实施 ……………………………………… 5

项目二 门禁系统设计与开发 …………………………………………………… 36
    任务一 门禁系统需求分析 ………………………………………………… 36
    任务二 门禁系统项目实施 ………………………………………………… 43

项目三 智能环境控制系统开发 ………………………………………………… 72
    任务一 智能环境控制系统需求分析 ……………………………………… 72
    任务二 智能环境控制系统项目实施 ……………………………………… 75

项目四 智能安防系统设计开发 ………………………………………………… 94
    任务一 智能安防系统需求分析 …………………………………………… 94
    任务二 智能安防系统项目实施 …………………………………………… 97

项目五 智能监控系统设计开发 ………………………………………………… 112
    任务一 智能监控系统需求分析 …………………………………………… 112
    任务二 智能监控系统项目实施 …………………………………………… 114

项目任务情境说明

物联网是新一代信息技术的重要组成部分,是物物相连的互联网。物联网通过智能感知、识别技术与普适计算,广泛应用于网络的融合中,也因此被称为继计算机、互联网之后世界信息产业发展的第三次浪潮。物联网用途广泛,遍及智能交通、环境保护、政府工作、公共安全、平安家居、智能消防、工业监测、环境监测、路灯照明管控、景观照明管控、楼宇照明管控、信息家电、广场照明管控、老人护理、个人健康、花卉栽培、水系监测、食品溯源、敌情侦查和情报搜集等多个领域。

本教材以北京凌阳爱普科技有限公司开发的《信息家电信息平台》为依托,详细讲解了《信息家电实训平台》从系统设计、系统开发到系统实施的全过程。

本书根据用户需求,《信息家电实训仿真平台》需要实现智能灯光控制系统、门禁控制系统、智能环境控制系统、智能安防系统、智能监控系统等功能。

通过对信息家电实训平台硬件系统功能的学习和认识,能够基本掌握信息家电实训平台的硬件组成,对信息家电的硬件有个整体的认识,为接下来学习信息家电做良好铺垫。

通过本实验的学习,学生能够对信息家电的硬件开发有个初步的了解,掌握信息家电中常见的硬件组成。其次,通过了解认识信息家电创新实训平台,对学生开发现实生活中的信息家电有所启发,激起学生对相关专业技术研究和探索的兴趣。

系统介绍:

本系统整体分为嵌入式控制系统、单片机控制系统、物联网节点扩展系统。

嵌入式控制系统:以 32 位 Cortex-A8 内核的 S5PV210 为核心芯片的中央控制中心和门禁系统,带有 7 寸电阻屏,通过人机交互界面可以实时查看数据信息。

单片机控制系统:采用 TI 的 8 位单片机 CC2530,CC2530 采用了基于 ZigBee 短距离无线通讯技术,来实现家庭内部的网络组建,网络终端节点通过连接各种传感器的方式实现对室内环境信息的采集,然后将采集到的数据通过 ZigBee 协议与主控系统即协调器节点进行数据的传输、处理和存储。而主控系统同时又作为该网络的协调器节点,通过程序的设计在特定的信道上建立 PAN 网络,并把从终端节点接收到的数据处理。主控系统内部需具有良好的人机交互界面,可以通过人机交互界面查看居室内部的具体状况,并进行相应的控制。在主控系统中还建立 Web 服务器功能,可以让用户通过远程 PC 机、手机的浏览器发送具体的请求以查看居室内部的具体状况,并进行相应的控制。

整个系统共分为五大子系统,分别为智能灯光控制系统、门禁系统、智能环境控制系统、智能安防系统和智能监控系统。

项目一 智能灯光控制系统的设计开发

拟实现的能力目标

N1.1 能够了解智能灯光控制系统实现原理
N1.2 能够了解 ZigBee 无线组网的原理
N1.3 能够搭建出 ZigBee 无线网络
N1.4 能够了解红外解码原理实现调光控制

须掌握的知识内容

Z1.1 ZigBee 无线组网简介
Z1.2 继电器控制原理
Z1.3 红外解码介绍
Z1.4 人体红外传感器介绍

任务一 智能灯光控制系统需求分析

任务情景

北京凌阳爱普科技有限公司受江苏经贸职业技术学院委托,开发一个信息家电实训仿真平台。北京凌阳爱普科技有限公司组成了完成此项目的项目开发小组。作为本项目的产品经理,现在需要与江苏经贸职业技术学院物联网专业的相关老师确定此实训平台的主要功能需求,撰写相关的系统需求文档。

根据用户需求,信息家电实训仿真平台需要实现智能灯光控制系统、门禁控制系统、智能环境控制系统、智能安防系统、智能监控系统等功能。本任务中,要求对智能灯光控制系统进行需求分析,撰写相关的系统需求文档。

任务分析

要了解智能灯光控制系统的主要功能需求,需要解决以下问题:
(1) 什么是智能灯光控制系统?
(2) 智能灯光控制系统功能有哪些?
(3) 本系统的智能灯光控制系统功能有哪些?
(4) 本系统与实际的智能灯光控制系统的差异?

支撑知识

智能灯光控制系统

智能灯光系统是对灯光进行智能控制与管理的系统。与传统照明相比,它可实现灯光软启、调光、一键场景等管理,并可用遥控、定时、集中、远程等多种控制方式,甚至用电脑来对灯光进行高级智能控制,从而实现智能照明节能、环保、舒适、方便的功能。方便了家居生活中的起居。

系统功能现状

(1) 集中控制和多点操作功能:在任何一个地方的终端均可控制不同地方的灯;或者是在不同地方的终端可以控制同一盏灯。使用各种方式管理灯光控制系统,触摸屏、网络、PDA、电话让用户可以使用最简便的方法在任意时候,任意地点(甚至是泳池里)都可以控制自己的房间中的设备。

(2) 软启功能:开灯时,灯光由暗渐渐变亮。关灯时,灯光由亮渐渐变暗,避免亮度的突然变化刺激人眼,给人眼一个缓冲,保护眼睛。而且可以避免电流和温度的突变对灯丝的冲击,保护灯泡,延长使用寿命。

(3) 灯光明暗调节功能:无论您是在会客、看电视、听音乐,或与家人在一起,或独自思考,甚至在品尝威士忌时,调节不同灯光的亮度,更能为您创造舒适、宁静、和谐、温馨的气氛,更深地体会生活。柔和的光线能给您一个好心情,少而暗的光帮助您思考,多而亮的光使气氛更加热烈。而这些操作是非常方便的,你可以按住本地开关来进行光的调亮和调暗,也可以利用集中控制器或者是遥控器,只需要按键,就可以调节光的明暗亮度。

(4) 全开全关和记忆功能:整个照明系统的灯可以实现一键全开和一键全关的功能。当您在入睡或者是离家之前,你可以按一下全关按钮,全部的照明设备将全部关闭。免除了您跑遍全部房间的烦恼。

(5) 定时控制功能:通过日程管理模块,可以对灯光的定时开闭进行定义。例如,在每天早晨 7:00,将卧室的灯光缓缓开启到一个合适亮度;在深夜,自动关闭全部的灯光照明。

(6) 场景设置:对于固定模式的场景,您无需逐一地开关灯和调光,只进行一次编程,就可以用一个键控制一组灯,这就是场景设置功能。只需一次轻触操作即可实现多路灯光场景的转换,还可以得到想要的灯光和电器的组合场景,如回家模式、离家模式、会客模式、就餐模式、影院模式、夫妻夜话、夜起模式等。

(7) 本地开关:可以按照平常的习惯直接控制本地的灯光。根据您的需求,开关可以任意设定所需控制对象,比如门厅的按钮可以用来关闭所有的灯光。这样,当您离家时,轻轻一按即可关闭所有灯光,既节能,安全,又非常方便。

(8) 红外、无线遥控:在任一个房间,用红外手持遥控器控制所有联网灯具(无论灯具是否处在本房间内)的开关状态和调光状态;您不需要进入房间后在开灯,在您进入任一间居室前您就可以用遥控器打开灯光,从此您再也不用在黑暗中寻找灯的开关了。根据户型大小的不同,遥控器的型号也有所不同,如:四位遥控器适用于二房一厅,六位遥控器适用于三房一厅,另外还有八位、十位、十二位、十六位遥控器适用于复式、别墅使用。

(9) 电话远程控制:通过任何一部普通电话或手机,实现对灯光或场景的远程控制。此功能可以用在晚归前模拟主人在家的灯光状况,以迷惑可能的窃贼。

(10) 照明系统还有停电自锁的功能,即当您的家里停电了,来电以后所有的灯将保持熄灭状态。智能照明系统还能够和安防系统联动,当有警情发生的时候,您家里阳台上的灯会不停地闪烁报警。

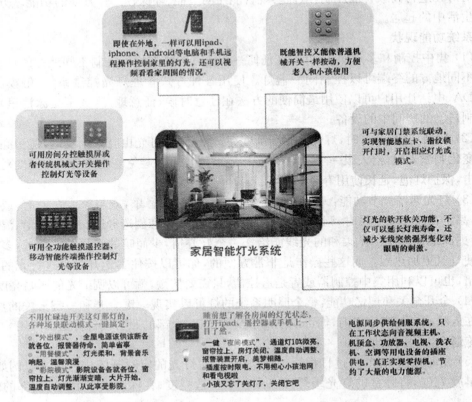

智能灯光控制系统主要特点

（1）通过遥控器可方便地管理家中所有的智能开关、插座、窗帘，实现无线控制、场景控制；场景编排完全根据使用者的爱好任意设置，无须采用其他工具，在遥控器面板上随意编排，方便快捷，可以根据需要随时随地调整。

（2）通过电话远程控制器可实现电话远程语音控制，控制设备可以是固定电话、移动电话。波创家庭智能的超强能力使您无论身在何处，都能方便地管理家庭自动化设备，体现了科技与人文的最佳结合。

（3）通过情景遥控器可以实现灯光的定时控制。

（4）智能开关的调光与调光后状态记忆功能既节能又方便场景设置。

（5）无线射频信号能够穿透墙体，所以不论在家中的哪个房间都能使用。

任务同步训练

智能灯光控制功能需求

在本系统的设计开发过程中主要实现了以下几种功能，包含无线智能开关功能和无线智能调光功能和人体红外控制功能。

这三种功能实现了通过远程的方式对灯的开关、亮暗调节和通过检测人员的有无实现自动开关的功能。

无线智能开关功能：照明灯光通过触摸开关进行控制，触摸开关与 ZigBee 节点进行连接，ZigBee 节点通过控制继电器的开关量进行对触摸开关的控制。ZigBee 节点与协调器之间通过 ZigBee 无线通讯协议进行通讯，ZigBee 协调器通过串口与中央控制系统进行通讯，在中央控制系统搭建人机交互界面(Qt)从而达到对整个系统的控制。

无线智能调光功能：可调光灯通过调光控制器进行控制，调光控制器既可以手动调节也可以通过遥控器红外调节，红外发射器与 ZigBee 节点进行连接，ZigBee 节点通过红外发射器对调光器进行控制。ZigBee 节点与协调器之间通过 ZigBee 无线通讯协议进行无线通讯，ZigBee 协调器通过串口与中央控制系统进行通讯，在中央控制系统搭建人机交互界面(QT)从而达到对整个系统的控制。

人体红外控制功能：照明灯光通过灯光开关进行控制，灯光开关与 ZigBee 节点进行连接，ZigBee 节点通过控制继电器的开关量进行对灯光开关的控制。人体红外传感器与 ZigBee 节点中 CC2530 单片机的 P1 口相连，组成人体红外传感器节点。ZigBee 人体红外传感器节点、ZigBee 灯光控制节点和 ZigBee 协调器之间通过 ZigBee 无线通讯协议进行无线通讯组成 ZigBee 网络，ZigBee 协调器通过串口与中央控制系统进行通讯，在中央控制系统搭建人机交互界面(Qt)从而达到对整个系统的控制。

软件功能分析

（1）构建出 ZigBee 无线网络

搭建 ZigBee 无线网络需要对 ZigBee 节点实现的功能进行需求分析，对其中需要的硬件资源进行了解，根据硬件资源搭建其需要的驱动程序，把驱动程序和其需要实现的功能加载到 Zigbee 协议栈的网络结构中，自己组建成 ZigBee 无线网络。

（2）通过人机交互界面对 ZigBee 数据进行检测和控制

嵌入式开发平台与 ZigBee 之间数据交互通过串口通讯协议进行通讯，然后通过人机交互界面(Qt)对串口通讯的数据进行数据挖掘并通过界面的形式显示出来。

任务同步训练

通过对智能灯光控制系统的需求了解，完善智能灯光控制系统需求分析文档。

任务二　智能灯光控制系统项目实施

任务引导训练

引导任务

通过对任务一的学习，我们了解到了智能灯光控制系统的主要功能，和如何实现进行分析，接下来我们根据项目的需求搭建出能够实现无线智能开关功能、无线智能调光功能和人体红外控制功能。

训练任务分析

为了实现上述任务，需要掌握以下知识：

(1) ZigBee 无线组网的原理和无线网络搭建。
(2) 了解继电器在强电控制中的应用和通断原理。
(3) 了解红外编码的原理和调光器的原理。
(4) 对系统中需求传感器认知。

支撑知识

1. ZigBee 无线组网的原理和无线网络搭建

ZigBee 简介

ZigBee 是基于 IEEE 802.15.4 标准的低功耗局域网协议。根据国际标准规定，ZigBee 技术是一种短距离、低功耗的无线通信技术。这一名称（又称紫蜂协议）来源于蜜蜂的八字舞，由于蜜蜂（bee）是靠飞翔和"嗡嗡"（zig）地抖动翅膀的"舞蹈"来与同伴传递花粉所在方位信息，也就是说蜜蜂依靠这样的方式构成了群体中的通信网络。其特点是近距离、低复杂度、自组织、低功耗、低数据速率。主要适合用于自动控制和远程控制领域，可以嵌入各种设备。简而言之，ZigBee 就是一种便宜的，低功耗的近距离无线组网通讯技术。

ZigBee 是一种低速短距离传输的无线网络协议。ZigBee 协议从下到上分别为物理层（PHY）、媒体访问控制层（MAC）、传输层（TL）、网络层（NWK）、应用层（APL）等。其中物理层和媒体访问控制层遵循 IEEE 802.15.4 标准的规定。

ZigBee 网络主要特点是低功耗、低成本、低速率、支持大量节点、支持多种网络拓扑、低复杂度、快速、可靠、安全。ZigBee 网络中的设备可分为协调器（Coordinator）、路由器（Router）、终端节点（End Device）等三种角色。

与此同时，ZigBee 作为一种短距离无线通信技术，由于其网络可以便捷的为用户提供无线数据传输功能，因此在物联网领域具有非常强的可应用性。

表 1-1 无线传输形式

	Data Rate	Typical Range	Application Examples
ZigBee	20 to 250 Kbps	10–100 m	Wireless Sensor Networks
Bluetooth	1 to 3 Mbps	2–10 m	Wireless Headset Wireless Mouse
IEEE 802.11b	1 to 11 Mbps	30–100 m	Wireless Internet Connection

从表 1-1 中几种无线传输的属性中从中可以看到 Zigbee 的应用范围是低速率远距离的。这造就了 Zigbee 低功耗信息传输的优势，网上经常谈到两节普通的 5 号干电池可以使用 6 个月到 2 年的时间，免去充电和更换电池的麻烦。ZigBee 节点所属类别主要分

三种,分别是协调器(Coodinator)、路由器(Router)、终端(End Device)。统一网络中至少需要一个协调器,也只能有1个协调器,负责各个节点16位地址分配(自动分配),理论上可以连上65536个节点。组网方式千变万化,如图1-1 ZigBee组网形式所示。

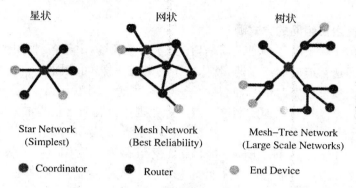

图1-1 ZigBee组网形式

目前ZigBee的应用领域主要有:
(1) 智能家居物联网;
(2) 工业、农业无线监测系统;
(3) 个人监控、医院病人定位;
(4) 消费电子;
(5) 城市智能交通;
(6) 户外作业及地下矿场安全监护。

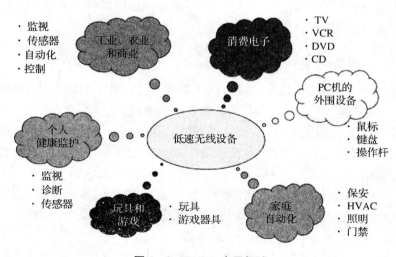

图1-2 ZigBee应用领域

组网通信方式

ZigBee的组网方式采用自组网的组网方式。什么是自组网方式,这里可以用一个简单的例子介绍:当一队伞兵空降后,每人持有一个ZigBee网络模块终端,降落到地面后,只要他们彼此间在网络模块的通信范围内,通过彼此自动寻找,很快就可以形成一个互联互通的 ZigBee 网络。而且,由于人员的移动,彼此间的联络还会发生变化。因而,模块还可以通过重新寻找通信对象,确定彼此间的联络,对原有网络进行刷新。这就是自组织网。

为什么要使用自组网的方式哪?

网状网通信实际上就是多通道通信,在实际工业现场,由于各种原因,往往并不能保证每一个无线通道都能够始终畅通,就像城市的街道一样,可能因为车祸,道路维修等,使得某条道路的交通出现暂时中断,此时由于有多个通道,车辆(相当于控制数据信息)仍然可以通过其他道路到达目的地。而这一点对工业现场控制而言则非常重要。

CC2530 简介

CC2530 是用于 2.4GHz IEEE 802.15.4、ZigBee 和 RF4CE 应用的一个真正的片上系统(SoC)解决方案。它能够以非常低的总的材料成本建立强大的网络节点。CC2530 结合了领先的 RF 收发器的优良性能,业界标准的增强型 8051CPU,系统内可编程闪存,8KB RAM 和许多其他强大的功能。CC2530 有四种不同的闪存版本:CC2530F32/64/128/256,分别具有 32/64/128/256KB 的闪存。CC2530 具有不同的运行模式,使得它尤其适应超低功耗要求的系统。运行模式之间的转换时间短进一步确保了低能源消耗。

CC2530F256 结合了德州仪器的业界领先的黄金单元 ZigBee 协议栈(Z - Stack^{TM}),提供了一个强大和完整的 ZigBee 解决方案。

本系统中 ZigBee 无线组网采用的芯片为 CC2530F256 的型号,ZigBee 无线组网的优势是比较明显的,在本实训系统中,通过 ZigBee 的无线组网对整个系统进行搭建,可以通过无线的方式对家居环境的灯光进行控制。

2. 继电器控制电路简介

电磁继电器一般由铁芯、线圈、衔铁、触点簧片等组成的。只要在线圈两端加上一定的电压,线圈中就会流过一定的电流,从而产生电磁效应,衔铁就会在电磁力吸引的作用下克服返回弹簧的拉力吸向铁芯,从而带动衔铁的动触点与静触点(常开触点)吸合。当线圈断电后,电磁的吸力也随之消失,衔铁就会在弹簧的反作用力返回原来的位置,使动触点与原来的静触点(常闭触点)释放。这样吸合、释放,从而达到了在电路中的导通、切断的目的。对于继电器的"常开、常闭"触点,可以这样来区分:继电器线圈未通电时处于断开状态的静触点,称为"常开触点";处于接通状态的静触点称为"常闭触点"。继电器一般有两股电路,为低压控制电路和高压工作电路。

单路继电器控制电路如图 1-3 继电器驱动电路所示,其中 LS2 为电磁继电器,静态时继电器常闭触电(继电器引脚 1)和公共端(继电器引脚 3)接通,继电器吸合的时候,常开触电(继电器引脚 6)和公共端接通,此时对应的发光二极管 D4 亮。

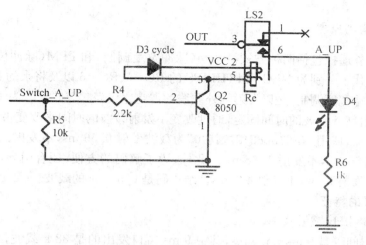

图 1-3 继电器驱动电路

3. 照明灯控制原理图

CC2530 接到控制照明灯的命令之后通过通用 IO 口给驱动电路一个电平信号,这时候驱动电路就可以驱动电磁铁将衔铁吸合,使得衔铁与常开端连接,这时候照明灯就亮了。结构如图 1-4 照明灯控制结构图所示。

注意:为了确保在系统故障的情况下还能够保证照明系统可以正常工作,在系统中同时安装了手动开关,手动开关与系统的开关室并联结构。平时手动开关处在断开状态,智能开关才能正常的使用。

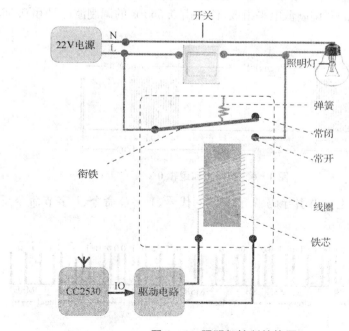

图 1-4 照明灯控制结构图

4. 红外编码原理

现有的红外遥控包括两种方式：PWM（脉冲宽度调制）和 PPM（脉冲位置调制）。两种形式编码的代表分别为 NEC 和 PHILIPS 的 RC-5、RC-6 以及将来的 RC-7。

PWM（脉冲宽度调制）是以发射红外载波的占空比代表"0"和"1"。为了节省能量，一般情况下，发射红外载波的时间固定，通过改变不发射载波的时间来改变占空比。例如常用的电视遥控器，使用 NEC upd6121，其"0"为载波发射 0.56 ms，不发射 0.56 ms；其"1"为载波发射 0.56 ms，不发射 1.68 ms。此外，为了解码的方便，还有引导码，upd6121 的引导码为载波发射 9 ms，不发射 4.5 ms。结束码是 0.56 ms 的载波。

NEC 格式的特征

① 使用 38 kHz 载波频率。

② 引导码间隔是 9 ms+4.5 ms，其中 9 ms 端口发出的是 38 k 载波，4.5 ms 为低电平，如图 1-5 引导码所示。

③ 使用 16 位客户代码，即地址码，用于区分不同的设备。

④ 使用 8 位数据代码和 8 位取反的数据代码。

图 1-5 引导码

红外遥控编码中的逻辑位 1 和逻辑位 0 的编码波形如图 1-6 所示。位 1 由 0.56 ms 的调制波信号和 1.685 ms 的非调制低电平组成，位 0 由 0.56 ms 的调制波信号和 0.565 ms 的非调制低电平组成。

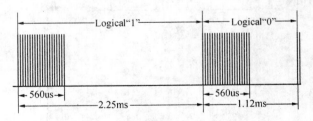

图 1-6 逻辑 1 和逻辑 0

一帧红外编码数据主要由引导码、2 字节厂商代号、1 字节命令、1 字节命令反码以及结束位组成，如图 1-7 所示。

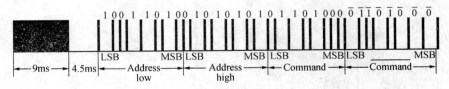

图 1-7 一帧红外数据编码

红外发射管驱动电路

红外发射模组电路如图 1-8 所示,其中 D1 是红外发射管,Q2 为驱动管,红外发射时,只需将编码之后的信号连接到 Tx(CC2530 的 P1.3 引脚)端即可。

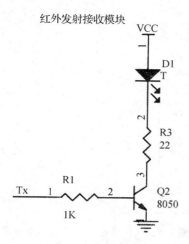

图 1-8 红外发射管驱动电路

调光控制器结构图

如图 1-9 为调光控制器结构图通过编程将调光器的遥控码植入到 MCU 里面,当 CC2530 接收到控制调光器的控制命令时,会查找相应的红外码,然后通过单片机 IO 口将红外码送入红外发射管的驱动电路,这样调光器接收到控制码之后就可以做出不同的亮度了。

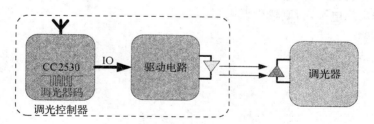

图 1-9 调光控制器结构图

5. 传感器认知

热释电传感器

普通人体会发射 10 μm 左右的特定波长红外线,用专门设计的传感器就可以针对性地检测这种红外线。当人体红外线照射到传感器上后,因热释电效应将向外释放电荷,后续电路经检测处理后就能产生控制信号。这种专门设计的探头只对波长为 10 μm 左右的红外辐射敏感,所以除人体以外的其他物体不会引发探头动作。探头内包含两个互相串联或并联的热释电元,而且制成的两个电极化方向正好相反,环境背景辐射对两个热释元件几乎具有相同的作用,使其产生释电效应相互抵消,在没有人的环境下探测器无信号输出。一旦人侵入探测区域内,人体红外辐射通过部分镜面聚焦,并被热释电元接收,但是两片热释电元接收到的热量不同,热释电也不同,不能抵消,于是输出检测信号。如图1-10所示。

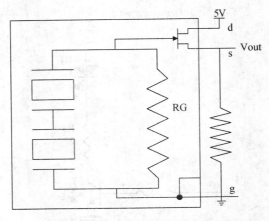

图1-10 热释红外传感器工作原理

为了增强敏感性并降低白光干扰,通常在探头的辐射照面覆盖有特殊的菲尼尔滤光透镜。菲尼尔滤光片根据性能要求不同,具有不同的焦距(感应距离),从而产生不同的监控视场,视场越多,控制越严密。传感器的光谱范围为$1\sim10~\mu m$,中心为$6~\mu m$,均处于红外波段,是由装在TO-5型金属外壳的硅窗的光学特性所决定。

热释电红外传感器不但适用于防盗报警场所,亦适于对人体伤害极为严重的高压电及X射线、γ射线工业无损检测。本实验所使用的热释电传感器输出信号为高低电平,当检测到人时输出高电平,否则输出低电平。

传感器实物

人体红外传感器实物如图1-11所示。

图1-11 人体热释红外传感器实物

电路连接

热释电(人体红外)传感器模块的接口电路设计如图1-12所示。

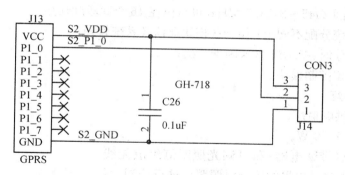

图 1-12 热释红外传感器电路连接图

图中 J13 为传感器模组与 CC2530 单片机的 P1 口相连，J14 与传感器的接口相连；C26 为滤波电容，传感器工作电压为 5 V，"2"引脚为信号输出端。

任务同步训练

任务描述

通过对任务的需求认知和理论学习之后，接下来需要对整个系统进行组建，对系统的组建需要做以下训练：

（1）对整个系统的硬件进行认知分析；

（2）构建出一个 ZigBee 网络可以实现系统功能；

（3）通过人机交互界面对系统功能进行测试；

（4）实现通过人体红外智能控制。

1. 硬件认知

无线智能开关功能，如图 1-13 为无线智能开关硬件图。

图 1-13 无线智能开关硬件图

ZigBee 节点（带继电器）

（1）工作电压：5 V DC；

（2）以 CC2530 为核心控制芯片；

（3）符合 IEEE 802.15.4/ZigBee 标准规范；

(4) 频段范围 2045～2483.5 MHz,可自由在 16 个频段间切换;
(5) 可被系统分配不同 ID,便于各模块通信及系统管理;
(6) 正常工作时:指示灯 20 s 闪烁一次;
(7) 带继电器控制模块。

可调光照明灯

(1) 220 V 供电射灯;
(2) 额定功率 50 W。

ZigBee 节点(带继电器)和可调光照明灯组成无线智能控制系统,通过继电器的闭合对照明灯进行控制,不用每次都要用开关对照明灯进行控制,ZigBee 节点与协调器之间通过 ZigBee 无线通讯协议进行无线通讯,ZigBee 协调器通过串口与中央控制系统进行通讯,在中央控制系统搭建人机交互界面(Qt)从而达到对整个系统的控制。

无线智能调光功能,如图 1-14 为无线智能调光开关硬件图。

图 1-14 无线智能调光开关硬件图

ZigBee 节点

(1) 工作电压:5 V DC;
(2) 以 CC2530 为核心控制芯片;
(3) 符合 IEEE 802.15.4/ZigBee 标准规范;
(4) 频段范围 2045～2483.5 MHz,可自由在 16 个频段间切换;
(5) 可被系统分配不同 ID,便于各模块通信及系统管理;
(6) 正常工作时:指示灯 20 s 闪烁一次。

可调光遥控开关

(1) 调光功率:25～300 W;
(2) 额定电压:250 V;
(3) 应用范围:白炽灯、230 V 卤素灯、带电子变压器的低压卤素灯;
(4) 带红外发射管可对调光灯进行远程控制。

ZigBee 节点和可调光照明灯、带红外发射管的可调光遥控开关组成无线智能控制系统,通过红外解码出来的数据对可调光照明灯进行控制,不用每次都要用可调光开关对照明灯进行控制,ZigBee 节点与协调器之间通过 ZigBee 无线通讯协议进行无线通讯,ZigBee 协调器通过串口与中央控制系统进行通讯,在中央控制系统搭建人机交互界面(Qt)从而达到对整个系统的控制。

人体红外控制功能,如图 1-15 为人体红外模块硬件图。

图 1-15 人体红外模块硬件图

人体红外传感器

（1）工作电压：DC 5 V；
（2）延时时间：可调(0.3～18 s)；
（3）封锁时间：0.2 s；
（4）触发方式：L 不可重复，H 可重复，默认值为 H（跳帽选择）；
（5）感应范围：小于 120°锥角，7 m 以内；
（6）工作温度：-15～+70℃。

ZigBee 人体红外传感器和 ZigBee 无线照明灯组成人体红外无线自动控制系统，ZigBee 协调器和 ZigBee 人体红外节点、ZigBee 无线照明灯通过 ZigBee 无线通讯协议进行无线通讯，ZigBee 协调器通过串口与中央控制系统进行通讯，协调器可以通过对人体红外传感器节点传过来的数据进行判断对照明灯进行自动控制。实现智能无线点灯系统采用 ZigBee 无线组网技术实现对灯的无线控制，如图 1-16 为智能无线控制原理。

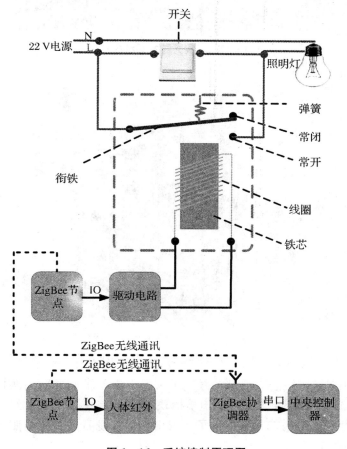

图 1-16 系统控制原理图

调光控制系统的接入。连接方式：从接线端子1引出的火线A与调光开关输入端(IN)火线L相连，调光开关输出端(OUT)L与照明灯1火线相连，从接线端子2引出的零线A与调光开关输入端(IN)零线N相连，调光开关输出端(OUT)N与照明灯1零线相连。接线方式如图1-17。

图1-17.1 调光控制系统的接入

图1-17.2 调光控制系统的接入

照明灯2的接入。连接方式：从接线端子1引出的火线B并联出两根火线分别连接到单开开关输入端和ZigBee节点上继电器模块的输入端，单开开关和继电器模块输出端并联与照明灯2的火线相连，从接线端子2引出来的零线B先直接与照明灯2的零线相连。接线方式如图1-18。

图 1-18 照明灯接入

照明灯 3 的接入。连接方式：从接线端子 1 引出的火线 C 并联出两根火线分别连接到触摸开关输入端和 ZigBee 节点上继电器模块的输入端，触摸开关和继电器模块输出端并联与照明灯 3 的火线相连，从接线端子 2 引出来的零线 C 先直接与照明灯 3 的零线相连。接入方式如图 1-19。

图 1-19 照明灯接入

安装中央控制器和 ZigBee 协调器。安装之前给中控后面转接板 J122 处接上串口线，J110 处接上 5 V 电源线，串口线和 5 V 电源线分别接在接线端子和转接板上，串口线通过接线端子分别接在转接板上的 P02、P03、GND 口如图 1-20 所示。

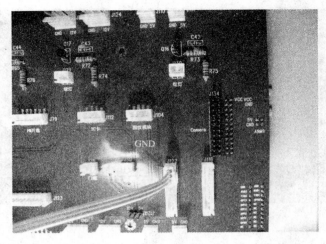

图 1 - 20.1

图 1 - 20.2

安装 ZigBee 人体红外控制节点。连接方式：先把 ZigBee 节点和人体红外传感器安装到网孔架上，通过标准 485 接口让人体红外的 VCC、GND、P0 口和 CC2530 节点进行供电和通讯，连接方式如图 1 - 21 所示。

图 1 - 21　人体红外控制器连接图

ZigBee 节点、中央控制系统协调器供电接线。连接方式：从开关电源 2(220 V 转 5 V)输出端引出正极与接线端子 3 一端相连，从接线端子 3 另一端引出 6 根线分别于 ZigBee 人体红外节点、3 个 ZigBee 灯光控制节点、ZigBee 协调器、中央控制器的正极相连，从开关电源 2(220 V 转 5 V)输出端引出负极与接线端子 3 一端相连从接线端子 3 另一端引出 6 根线分别于 ZigBee 人体红外节点、3 个 ZigBee 灯光控制节点、ZigBee 协调器、中央控制器的负极相连。如图 1-22 所示。

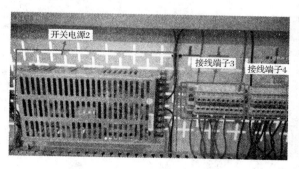

图 1-22.1　电源适配器连

图 1-22.2　中央控制器电源连接图

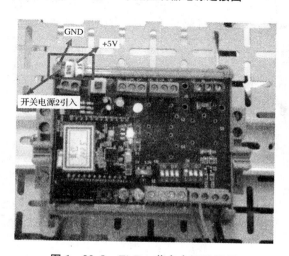

图 1-22.3　ZigBee 节点电源连接图

2. 搭建 ZigBee 无线网络环境

(1) 开发环境搭建

在光盘资料中找到"Setup_SmartRFProgr_1.11.1.exe"文件，双击打开，按照提示安装；安装界面如图 1-23 所示。

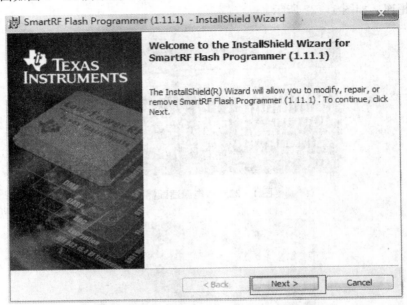

图 1-23.1　工具安装

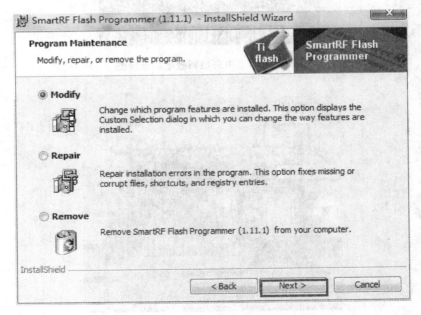

图 1-23.2　工具安装

项目一　智能灯光控制系统的设计开发

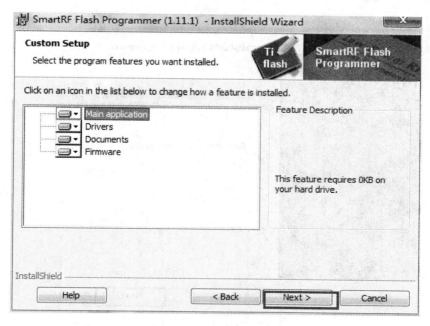

图 1-23.3　工具安装

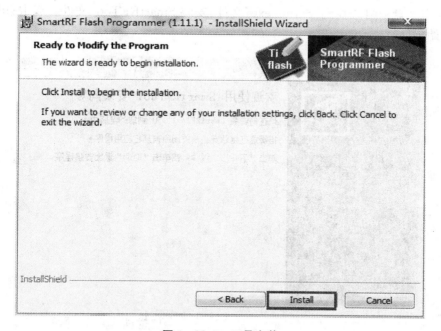

图 1-23.4　工具安装

当出现下图时点击"Finish",下载工具安装成功。

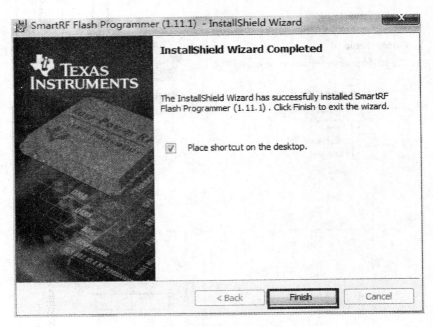

图 1-23.5　工具安装

（2）在光盘资料中找到"Setup.exe"文件，安装 SmartRFTool 文件。双击打开，如图 1-24 开始界面。

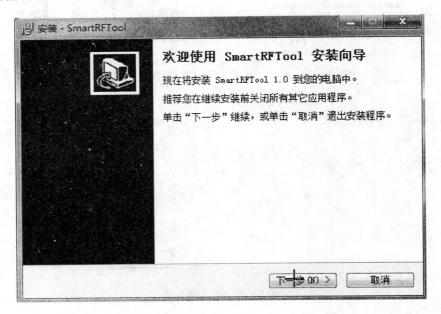

图 1-24

点击"下一步"继续安装，如图 1-25 所示，选择安装路径，建议安装在 D:\Program Files\SmartRFTool 路径下。

项目一 智能灯光控制系统的设计开发

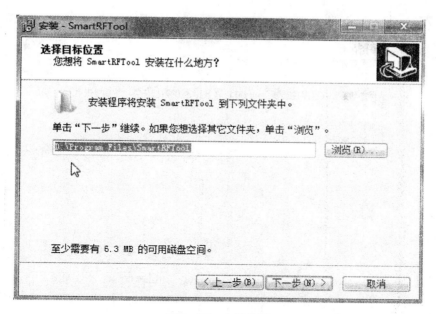

图 1-25 安装步骤

点击"下一步",在开始菜单＊＊＊(SmartRFTool)文件夹中创建快捷方式;如图 1-26 所示。

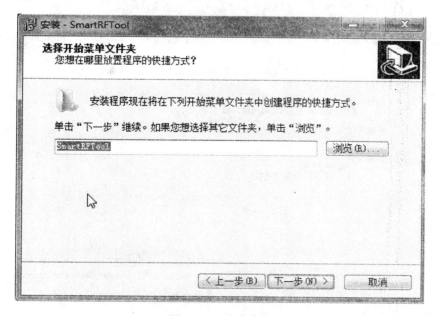

图 1-26 安装步骤

点击"下一步",开始创建附加快捷方式,如图 1-27 所示。

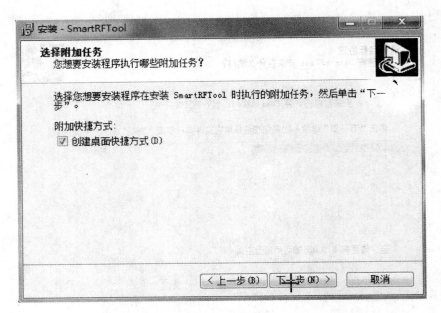

图 1-27　安装步骤

点击"下一步",进入安装界面,如图 1-28 所示。

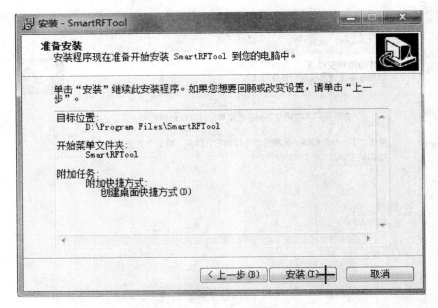

图 1-28　安装步骤

确认无误,点击"安装",如图 1-29 所示,等待安装结束。

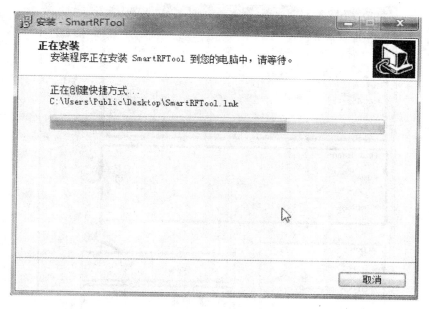

图 1-29 安装步骤

软件安装结束,提示如图 1-30 对话框,点击"完成"即,完成 SmartRFTool 的安装。

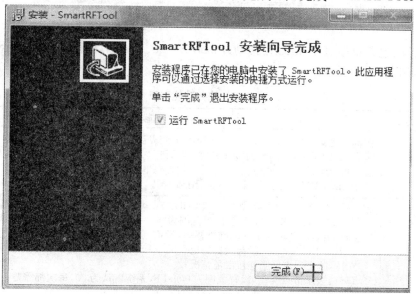

图 1-30 安装完成

工具安装完毕,默认"运行 SmartRFTool",否则可以通过双击桌面图标 ,打开 SmartRFTool 工具,软件界面如图 1-31 所示。

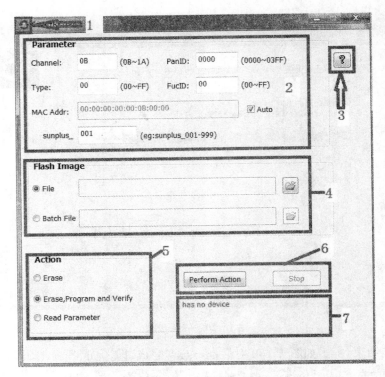

图1-31 程序界面

软件界面包含菜单、Parameter、帮助、Flash Image、Action、执行动作和提示信息7个部分,具体如表1-2所示。

表1-2 软件功能列表

界面分类	功　　能
1. 菜单	图标处是菜单按钮,具有移动、最小化、关闭界面功能; 具有 Help 子项,使用帮助包含参数说明,设置方式,hex 文件选择及差异说明等,使用过程可参考使用帮助来完成节点设备的代码下载工作; 关于 SmartRFTool 子项,显示工具当前版本。
2. Parameter	包含系统能够修改的参数,如信道、PANID、节点类型、节点功能编号、节点 MAC 地址等; 1. Channel:表示节点的信道,设置范围为 0B~1A,除特殊需要,通常系统默认值 0B; 2. PanID:表示节点要加入的网络标识,设置范围为 0000~03FF,系统默认为 0000,通常需要手动修改,一般与设备的出厂编号有个对应关系,目的是保持各个系统的独立性,防止节点网络连接混乱情况; 3. Type:表示节点类型,设置范围为 00~FF,系统默认为 00,每次都需要手动设置,设置规则详见软件说明,设置成对应的节点类型值即可; 设置为 FF:表示此处 Type 无效,以其他设置方式为准,例如拨码开关设置; 5. MACAddr:表示节点 MAC 地址,具有唯一性,需确保不同节点之间 MAC 地址不同,设置范围为 00:00:00:00:00:00:00:00~FF:FF:FF:FF:FF:FF:FF:FF,系统默认采用"Auto"方式,采用自动加 1 算法,每次软件关闭重启时,数据归零,所以为避免 MAC 地址冲突,建议在同一系统节点代码下载过程中,不关闭软件,否则,去除"Auto"勾选,进行手动修改; 6. Sunplus_:预留设备名称,设置范围为 001~999,针对需要获取设备名称的系统预留设置参数(蓝牙 4.0 系统相关有使用,其他系统基本不用)。

续表

界面分类	功　　能
3. 帮助	使用帮助包含参数说明,设置方式,hex 文件选择及差异说明等,使用过程可参考使用帮助来完成节点设备的代码下载工作。
4. Flash Image	选择将要下载的 HEX 文件; File:显示选中的 HEX 文件名,可通过右侧路径选择按钮进行修改及选中。 Batch File:显示批量下载时的配置文件名,批量下载详情见配置文件,可通过右侧路径选择按钮进行修改及选中。
5. Action	选择将要执行的动作; Erase:擦除硬件节点的 Flash; Erase,Program and Verrify:擦除 Flash,并下载代码; Read Parameter:读取参数信息。
6. PerformAction/Stop	Perform Action:执行已经设置的动作,比如擦除 Flash 等; Stop:停止当前动作,通常实在某动作执行过程中,不常用。
7. 提示信息	has no device:表示没有找到硬件,可能是硬件没有连接,或连接异常; Erase ok/fail:擦除操作成功/失败; Erase,Program and Verify ok/fail:擦除,烧录和证明操作成功/失败; Read parameter ok/fail:读取参数操作成功/失败; Check a device the mac is xxxx:获取到当前设备的 mac 地址为 xxxx。 Wait for the next device connection…:批处理方式下,已经烧录完毕一个设备,等待下一个设备连接; Current mac is xxxx:当前设备的 mac 地址为 xxxx。

HEX 文件夹内,找到"SmartHome_Emu"文件夹;
协调器:对应文件为 Coordinator_Emu. hex;
路由器:对应文件为 Router_Emu. hex;
执行类:对应文件为 EDevExecuteB_Emu. hex;包含设备类型如下:
① 智能插座
② 照明灯
③ 窗帘
④ 幕布
⑤ 风扇
其他类:对应文件 EDevOther_Emu. hex;包含设备类型如下:
① 调光灯
② 语音报警
红外遥控:对应文件为 EDevRemoter_Emu. hex;包含设备类型如下:
① 电视
② 音响
③ 空调
传感器类:对应文件为 EDevSensor_Emu. hex;包含设备类型如下:
① 温度
② 湿度
③ 燃气

④ 光照
⑤ 雨滴
⑥ 红外测距
⑦ 烟雾
⑧ 火焰
⑨ 人体红外
⑩ 语音

硬件连接步骤：

如图 1-32 所示连接硬件，另外一端与电脑 USB 口连接。

图 1-32 硬件连接图

打开软件 SmartRFTool.exe 文件，如果显示如图 1-33 所示，按下调试器的复位按键，如果显示如图 1-34 所示，能够显示硬件的 MAC 地址，说明硬件连接成功。

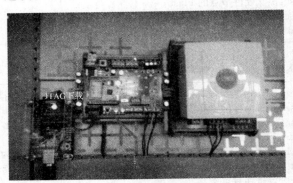

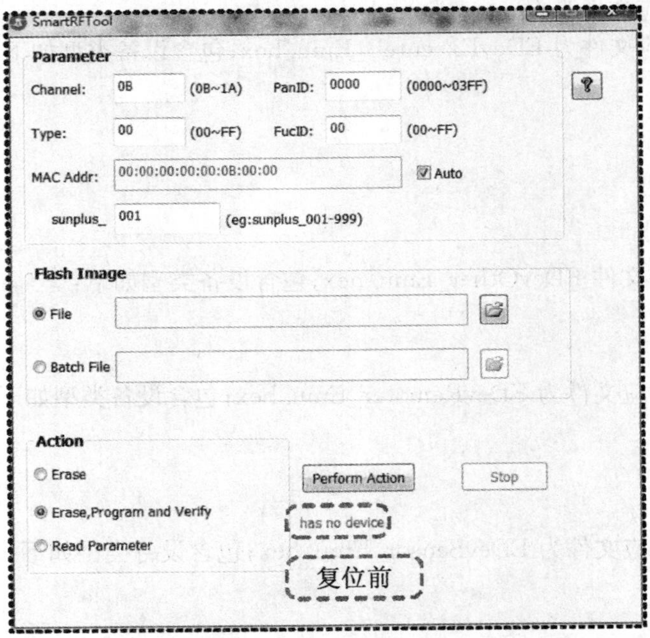

图 1-33

项目一　智能灯光控制系统的设计开发

图 1-34

3. 软件平台测试

所有软件下载完成后,对系统硬件供电,供电之后查看网关上,点网关上对应的几点按钮查看其对应的数据,人体红外加入到网络当出现"Alarm"的时候是有人当出现"NoBody"时无人,如图 1-35 所示。

图 1-35　人体红外报警显示

点击调光灯按钮会进入"调光灯控制"界面,然后可以点击开关按钮,这时调光器上的红色指示灯会灭,然后点击低亮、中亮、高亮按钮后会有灯光亮度变化,如图 1-36 所示。

图 1-36　调光灯控制

点击智能灯按钮进入到"智能灯控制界面",然后可以点击开关按钮,这时可以查看其对应的照明灯的变化。如图 1-37 所示。

图 1-37　智能灯控制

4. 人体红外智能灯光设置

通过节点控制没有问题,说明 ZigBee 无线网络搭建成功了。接下来需要设置一个回环控制,对通过人体红外节点自动控制照明灯进行判定。

点击"设置"按钮,进入之后选择"开发用户",密码为"111111",点击"确认"进入界面,如图 1-38 所示。

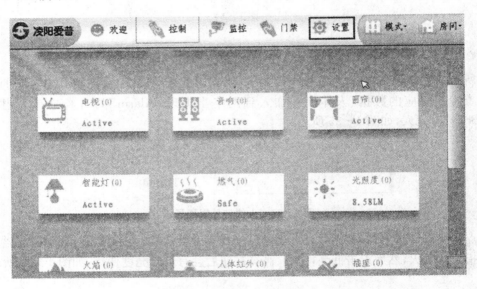

图 1-38.1　控制界面

图 1-38.2　密码输入界面

进入之后,如图 1-39 所示,点击进入"节点管理"界面,如图 1-40 所示,在节点管理中点击右下角"设置"图标。

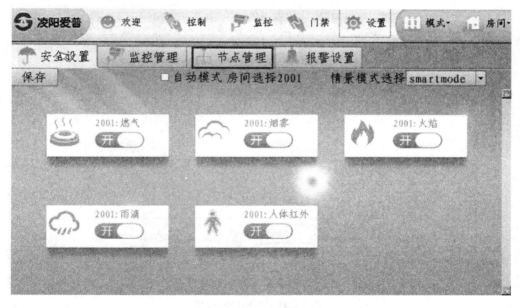

图 1-39　设置界面

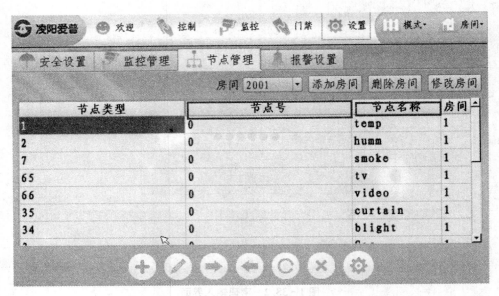

图 1-40 节点管理界面

进入"回环控制"界面,点击"添加规则"按钮。如图 1-41 所示。

图 1-41 回环控制设置

进入"添加规则"界面,如图 1-42 所示。

图 1-42 添加规则界面

进入界面之后在"触发"框中选择需要触发的传感器,下面设置被触发的临界值,右面节点号,根据"节点管理"界面节点号中的值进行设置。"动作"框中选择被控制的设备,下面的节点号根据"节点管理"界面节点号中的值进行设置,右边的"动作"根据实际情况自行设置,设置好之后点击"添加"按钮进行添加。如图 1-43 所示。

图 1-43 添加规则设置

注意:添加过程中,一定要设置回环变量,当设置"有人"时控制"照明灯"打开,那么就一定要设置"无人"的时候"照明灯"关闭。如图 1-44 所示。

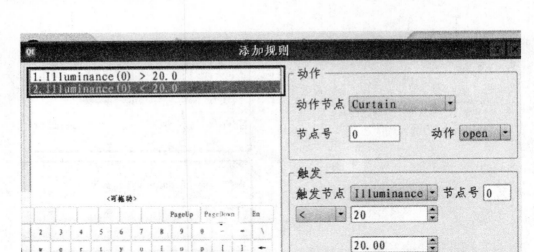

图1-44 添加圆环变量

点击"确认"按钮回到"回环控制"界面,如图1-45所示,这时可以看到回环设置已经添加成功,点击"确认"退出。

图1-45 圆环设置添加成功

加载后,点击"保存"按钮,这时会有情景模式选择,根据自己的需要进行选择。如图1-46所示。

项目一 智能灯光控制系统的设计开发

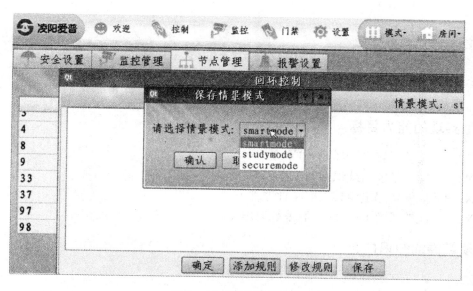

图1-46 情景模式选择

在进入"安全设置"里面,对"自动模式进行勾选",这时通过人的走动查看照明灯的变化情况。

自主学习任务

通过上面的步骤,整个系统的搭建已经完成了,接下来需要通过对系统了解,如何实现在一个系统中如何同时存在两个照明灯并且两个照明灯之间相互不干扰?

每次课程意见反馈表(建议5分钟)

日期：　　年　　月　　日

我喜欢的：☺	
我不喜欢的：☹	
我不理解的：❓	

项目二　门禁系统设计与开发

拟实现的能力目标

N2.1　能够了解 IC 卡的工作原理
N2.2　能够了解指纹识别的工作原理
N2.3　能够搭建出门禁数据库管理
N2.4　能够了解 U-boot 安装系统原理

须掌握的知识内容

Z2.1　IC 卡工作原理
Z2.2　指纹模块结构原理
Z2.3　门禁数据库管理
Z2.4　U-boot 镜像烧写

任务一　门禁系统需求分析

任务情景

北京凌阳爱普科技有限公司受江苏经贸职业技术学院委托,开发一个信息家电实训仿真平台。北京凌阳爱普科技有限公司组成了完成此项目的项目开发小组。作为本项目的产品经理,现在需要与江苏经贸职业技术学院物联网专业的相关老师确定此实训平台的主要功能需求,撰写相关的系统需求文档。

根据用户需求,信息家电实训仿真平台需要实现智能灯光控制系统、门禁控制系统、智能环境控制系统、智能安防系统、智能监控系统等功能。本任务中,要求对门禁系统进行系统进行需求分析,撰写相关的系统需求文档。

任务分析

要了解智能灯光控制系统的主要功能需求,需要解决以下问题:
1. 什么是门禁系统?
2. 门禁系统的应用领域?
3. 本项目的门禁系统功能有哪些?

支撑知识

门禁系统

在生活中,门禁已经成为安防生活中不可或缺的安全保障了,如果说这个楼门没有装门禁,恐怕在住户看来就像自己家没有装防盗门般的忧心。从曾经的奢侈设备,到如今遍布各地的基础防护设施,门禁系统角色的这种转变,既说明了门禁在人们心中地位的提升,同时也意味着随着门禁技术的发展,这项技术已经能够满足我们日常生活中更多的安全需求。

系统功能现状

门禁系统是最近几年才在国内广泛应用的又一高科技安全设施之一,现已成为现代建筑的智能化标志之一。在越来越注重商业情报和安全的今天,对进出一些重要机关、科研实验室、档案馆以及关系到国计民生的公用事业单位的控制中心、民航机场等场所的工作人员,给予进出授权控制。

经济的增长有时引发犯罪的发生,对安全感的追求导致现代化楼宇对保安系统的要求也越来越高。楼宇保安系统不仅包括闭路电视及防盗报警,此外还包括一些门锁、防盗门、防盗网及保安人员等,以满足人们日益增加的安全要求。

保安管理功能,可以设置使用人的权限和进出时间,可以将使用人的姓名、年龄、职务、相片等多达18种内容的数据输入电脑中,便于查询统计及验证身份。

考勤功能,可以根据实际情况将人员编组分类,针对各种节假日,工作日进行考勤记录。

巡更功能,可以记录保安员巡更的路线、时间以及巡更点发生的事件,如房门损坏,电梯故障等。

多种门禁方式组合,可以设置门锁为只进不出、长开、定时开关等多种功能及各种组合。

应急及统计功能,本系统可以在电脑上显示出指定持卡人所处的地理位置,便于及时联系。发生火警等紧急情况时,防火门会自动打开,便于逃生,出入口也可以自动打开。当发生非法进出时,会自动报警。本系统还可以根据客户的需要,打印出各种统计报表。门禁系统属公共安全管理系统范畴。在建筑物内的主要管理区、出入口、电梯厅、主要设备控制中心机房、贵重物品的库房等重要部位的通道口,安装门磁开关、电控锁或读卡机等控制装置,由中心控制室监控,系统采用计算机多重任务的处理,能够对各通道口的位置、通行对象及通行时间等实时进行控制或设定程序控制,适应于银行、金融贸易楼和综合办公楼的公共安全管理。

门禁系统作用在于管理人群进出管制区域,限制未授权人士进出特定区域,并使已授权者在进出上更便捷。系统可用感应卡、指纹、密码等,作为授权识别,通过控制机编程,记录进出人士时间日期,并可配合警报及闭路电视系统以达到最佳管理。适用于各类型办公室、计算机室、数据库、停车场及仓库等。

出入口门禁控制系统采取以感应卡来取代用钥匙开门的方式。使用者用一张卡可以打开多把门锁,对门锁的开启也可以有一定的时间限制。如果卡丢失了,不必更换门锁,只需将其从控制主机中注销。出入口门禁控制系统是通过对出入口的准入情况进行控制、管理和记录的设备,对何人何时在何地进行详细跟踪,以实现中心对出入口的24h控制、操作、监视及管理。

每一个出入口设置一个读卡器,所读取的门禁卡参数经由控制器判断分析:准入则电锁打开,人员可自行通过;禁入则电锁不动作而且立即报警并作出相应的记录。用户可以选择各种类型的读卡器：磁卡读卡器、韦根式读卡器、感应式读卡器、免持式读卡器、遥距式红外线读卡器，也可选用数字密码键盘开锁。管理软件不仅可以对不同出入口读卡器的开启时间、准入时间进行编程，还可以对每一张门禁卡允许进入的区域、时间进行限制，防止人员"误入"，并可随时查询出入情况；可根据用户的具体要求定做考勤软件，统计加班时间、迟到时间、次数，并计算当月应得工资、应扣工资及实得工资等；对于单位领导等特别人员，可以有特殊的权限设定，从而达到对每个出入口和每个出入人员的单独编程、统一管理对于整个系统的每个动作，如哪扇门开启，时间多长，是谁在开门等情况，管理中心全部记录在案。一旦有事故发生，这些记录将成为有力和无法更改的证据。

系统具有防返传功能：防止有人进入某区域后，将卡回传给区域外企图用同一张卡进入的另一人员；还有人员追踪功能：在外门未关闭之前，无法打开内门。若发生强行破门、恶意破坏读卡器或键盘、无效卡或错误密码企图开门等不正常事件，管理中心立即获知并提醒值班警卫。系统同时启动现场探照灯、录像机等相关设备。

因为感应卡的上市，使用者再也不需要携带钥匙，更免除了钥匙被复制的烦恼，再也不必担心财物可能蒙受损失。感应式信号发送器的封装形式有许多种，包括卡片式、钥匙圈式、笔芯式、玻璃管式、麦克笔等，体积有大小差别，而体积的大小往往与感应距离成正比。一般来说，作为门禁及停车场管制时，为了方便携带，通常做成卡片式，故俗称感应卡。

感应卡（Promixity Card）一般以接触卡称之，磁卡在使用时要有"刷卡"的动作以达到管制目的。通常一张感应卡中有 IC 芯片、感应线圈及电容。感应卡为发射应答端，而感应式卡片阅读机为接收端，类似发电机，持续发送频率。当卡片靠近卡片阅读机发射频率的范围内时，卡片内的线圈会接受此频率并产生能量，此能量储存在电容器内，当能量到达激磁的状态时，会将卡片中 IC 芯片上所记录的密码发送给卡片阅读机，卡片阅读机辨识过后，便可开门。市场上各厂牌的卡片阅读机所发射出的频率不同，故卡片不会有互通的使用状况发生。

设置门禁管理系统主要目的是保证上述区域及区域内设备安全，便于人员的合理流动，对进入这些重要区域的人员实行各种方式的进出许可权管理，以便限制人员随意进出。当员工要进入被管制的区域时，必须先在门旁的读卡器中刷卡，门才能被打开。每道门边的读卡器均通过现场控制界面单元和系统集中控制器受到监控终端的控制。每一张卡根据系统设置，只能在规定时间内打开规定范围的门。同时防止外来人员随便闯入，如有人强行破门或下班没有关门，门禁装置将发出报警信号，监控终端将马上显示报警的门号。门禁系统设计之目的是为实现人员出入权限控制及出入信息记录。

门禁系统原理介绍

1. 门禁系统概述

门禁，即出入口控制系统，是对出入口通道进行管制的系统，门禁系统是在传统的门锁基础上发展而来的（英文 Entrance Guard/Access Control）。

出入口安全管理系统是新型现代化安全管理系统，它集微机自动识别技术和现代安全管理措施为一体,它涉及电子,机械,光学,计算机技术,通讯技术,生物技术等诸多新技术。它是解决重要部门出入口实现安全防范管理的有效措施。适用各种机要部门,如银行、宾馆、机房、军械库、机要室、办公间、智能化小区、工厂等。

门禁系统早已超越了单纯的门道及钥匙管理,它已经逐渐发展成为一套完整的出入管理系统。它在工作环境安全、人事考勤管理等行政管理工作中发挥着巨大的作用。在该系统的基础上增加相应的辅助设备可以进行电梯控制、车辆进出控制,物业消防监控、保安巡检管理、餐饮收费管理等,真正实现区域内一卡智能管理。

2. 门禁系统的发展

传统的机械门锁仅仅是单纯的机械装置,无论结构设计多么合理,材料多么坚固,人们总能用通过各种手段把它打开。在人员变更频繁的场所(如办公室,酒店客房)钥匙的管理很麻烦,在一些大型机关、企业,钥匙的管理成本很高,钥匙丢失或人员更换时往往要把锁和钥匙一起更换。特别是传统机械钥匙容易出现重复,而且出入没有记录,其安全性非常差。为了弥补上述问题于是出现了电子磁卡锁,电子密码锁,这从一定程度上提高了人们对出入口通道的管理程度。但它们本身的缺陷就逐渐暴露,磁卡锁的问题是信息容易复制,卡片与读卡机具之间磨损大,故障率高,安全系数低。密码锁的问题是密码容易泄露。这个时期的门禁系统还停留在早期不成熟阶段,因此当时的门禁系统通常被人称为电子锁,应用也不广泛。随着感应卡技术,生物识别技术的发展,门禁系统得到了飞跃式的发展,出现了感应卡式门禁系统,指纹门禁系统,虹膜门禁系统,面部识别门禁系统,乱序键盘门禁系统等各种技术的系统,它们在安全性,方便性,易管理性等方面都各有特长,门禁系统的应用领域也越来越广。

3. 门禁系统功能

(1) 进出权限的管理
对进出权限的管理主要有以下几个方面:
① 进出通道的权限:对每个通道设置哪些人可以进出,哪些人不能进出。
② 进出通道的方式:对可以进出该通道的人进行进出方式的授权,进出方式通常有密码、读卡(生物识别)、读卡(生物识别+密码)三种方式。
③ 进出通道的时段:设置可以该通道的人在什么时间范围内可以进出。
(2) 门禁记录功能
门禁系统应记录人员出入的时间和地点以及异常情况(门被非法侵入、门没有关、消防联动等),该记录作为历史数据,在需要的时候可供管理人员查询、参考,配备相应软件可实现考勤、在线巡更、门禁一卡通。
(3) 实时监控功能
系统管理人员可以通过微机实时查看每个门区人员的进出情况、每个门区的状态(包括门的开关,各种非正常状态报警等),也可以在紧急状态打开所有的门区。
(4) 异常报警功能
在异常情况下可以实现微机报警或报警器报警,如非法侵入、门超时未关等。

(5) 消防报警监控联动功能

在出现火警时门禁系统可以自动打开所有电子锁让里面的人随时逃生。与监控联动通常是指监控系统自动将有人刷卡时(有效/无效)录下当时的情况,同时也将门禁系统出现警报时的情况录下来。

(6) 网络设置管理监控功能

大多数门禁系统只能用一台微机管理,而技术先进的系统则可以在网络上任何一个授权的位置对整个系统进行设置监控查询管理,也可以通过 Internet 进行异地设置管理监控查询。

4. 门禁系统分类

(1) 门禁系统按进出识别方式分类

① 密码识别:通过检验输入密码是否正确来识别进出权限。这类产品又分两类。

(a) 普通型:优点是操作方便,无须携带卡片;成本低。缺点是同时只能容纳三组密码,容易泄露,安全性很差;无进出记录;只能单向控制。

(b) 乱序键盘型(键盘上的数字不固定,不定期自动变化):优点是操作方便,无须携带卡片,安全系数稍高。缺点是密码容易泄露,安全性还是不高;无进出记录;只能单向控制。成本高。

② 卡片识别:通过读卡或读卡加密码方式来识别进出权限。按卡片种类又分两类。

(a) 磁卡:优点是成本较低;一人一卡,安全一般,可联微机,有开门记录。缺点是卡片,设备有磨损,寿命较短;卡片容易复制;不易双向控制。卡片信息容易因外界磁场丢失,使卡片无效。

(b) 射频卡:优点是卡片与设备无接触,开门方便安全;寿命长,理论数据至少十年;安全性高,可联微机,有开门记录;可以实现双向控制;卡片很难被复制。缺点是成本较高。

③ 生物识别:通过检验人员生物特征等方式来识别进出。有指纹型,虹膜型,面部识别型。

优点:从识别角度来说安全性极好;无须携带卡片。

缺点:成本很高。识别率不高,对环境要求高,对使用者要求高(比如指纹不能划伤,眼不能红肿出血,脸上不能有伤,或胡子的多少),使用不方便(比如虹膜型的和面部识别型的,安装高度位置一定了,但使用者的身高却各不相同)。

(2) 门禁系统按设计原理分类

① 控制器自带读卡器(识别仪):这种设计的缺陷是控制器须安装在门外,因此部分控制线必须露在门外,内行人无须卡片或密码可以轻松开门。

② 控制器与读卡器(识别仪)分体的:这类系统控制器安装在室内,只有读卡器输入线露在室外,其他所有控制线均在室内,而读卡器传递的是数字信号,因此,若无有效卡片或密码任何人都无法进门。这类系统应是用户的首选。

(3) 门禁系统按与微机通讯方式分类

① 单机控制型:这类产品是最常见的,适用与小系统或安装位置集中的单位。常用

于酒店、宾馆。

② 采用总线通讯方式：它的优点是投资小，通讯线路专用。缺点是由于受总线负载能力的约束，系统规模一般比较小；无法实现真正意义上的实施监控；受总线传输距离影响(485 总线理论上可达 1200 米，但实际施工中能达到 400～600 米就已算比较远了)，不适用于点数分散的场合。另外一旦安装好就不能方便地更换管理中心的位置，不易实现网络控制和异地控制。

③ 以太网网络型：这类产品的技术含量高，它的通讯方式采用的是网络常用的 TCP/IP 协议。这类系统的优点是控制器与管理中心是通过局域网传递数据的，管理中心位置可以随时变更，不需重新布线，很容易实现网络控制或异地控制。适用于大系统或安装位置分散的单位使用。这类系统的缺点是系统的通讯部分的稳定需要依赖于局域网的稳定。

门禁系统组成

（1）门禁控制器

门禁系统的核心部分是门禁控制器，相当于计算机的 CPU，它负责整个系统输入、输出信息的处理、储存和控制等等。

（2）读卡器（识别仪）

读取卡片中数据（生物特征信息）的设备。

（3）电控锁

门禁系统中锁门的执行部件。用户应根据门的材料、出门要求等需求选取不同的锁具。主要有以下几种类型：

① 电磁锁：电磁锁断电后是开门的，符合消防要求。并配备多种安装架以供顾客使用。这种锁具适于单向的木门、玻璃门、防火门、对开的电动门。

② 阳极锁：阳极锁是断电开门型，符合消防要求。它安装在门框的上部。与电磁锁不同的是阳极锁适用于双向的木门、玻璃门、防火门，而且它本身带有门磁检测器，可随时检测门的安全状态。

③ 阴极锁：一般的阴极锁为通电开门型。适用单向木门。安装阴极锁一定要配备 UPS 电源。因为停电时阴锁是锁门的。

（4）卡片

开门的钥匙。可以在卡片上打印持卡人的个人照片，开门卡、胸卡合二为一。

（5）软件

实时对进/出人员进行监控，对各门区进行编辑，对系统进行编程，对各突发事件进行查询及人员进出资料实时查询。

（6）其他设备

出门按钮：按一下打开门的设备，适用于对出门无限制的情况。

门磁：用于检测门的安全/开关状态等。

电源：整个系统的供电设备，分为普通和后备式（带蓄电池的）两种。

遥控开关：作为紧急情况下，进出门使用。

玻璃破碎按钮：作为意外情况下开门使用。

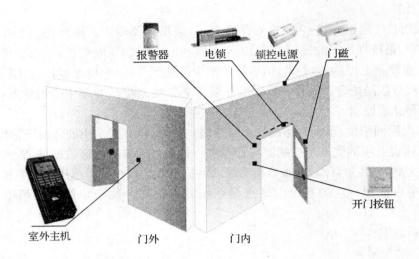

任务同步训练

门禁系统功能需求

本系统中采用了三种门禁系统分类,分别是生物识别(指纹)、卡片识别(射频卡)、密码识别(普通型)。通过这三种识别方式需要实现三大功能,包含智能指纹管理功能和智能 IC 卡管理功能和人员管理系统。

智能指纹管理功能:指纹模块通过门禁网关控制,在门禁网关中对指纹数据进行管理,把加载进来的指纹数据统计并存放在数据库中。在进入时用指纹模块对指纹进行识别后,会查找到数据库中的数据,如果数据库中有,门就会直接打开,否则会因为没有指纹数据门将不打开。

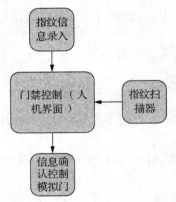

智能 IC 管理功能:读卡器模块通过门禁网关控制,在门禁网关中对 IC 卡数据进行管理,把加载进来的 IC 卡数据统计并存放在数据库中。在进入时用读卡器模块对 IC 卡的信息识别后,会查找到数据库中的信息,当这个信息已经被存储的数据库中,门就会直接打开,否则会因为没有 IC 卡数据门将不打开。

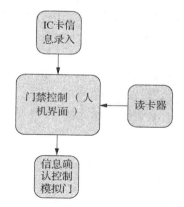

人员管理系统:通过键盘输入密码可以进入人员管理界面,在通过人员管理系统可以对可以进入房间的用户进行信息录入,包括指纹信息录入和IC卡信息录入,录入信息会直接存在门禁控制系统中。当某个指纹或者IC卡想要进入房间,会查找之前录入的指纹和IC卡信息,信息确认就会给门一个指令,让门打开。

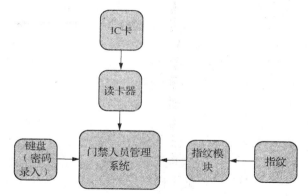

系统的数据信息采用嵌入式系统平台,在嵌入式系统平台中集成人机交互界面。在人机交互界面中,可以通过密码进入后台管理。在后台管理中,我们可以对射频卡、指纹信息进行信息录入,当在次有射频卡、指纹输入的时候只要跟之前录入到系统中的吻合。电动锁就会自动打开。

任务同步训练

通过对门禁系统的需求了解,完善智能灯光控制系统需求分析文档。

任务二　门禁系统项目实施

任务引导训练

引导任务

通过对任务一的学习,我们了解到了门禁系统的主要功能和如何进行实现进行分析。接下来我们根据项目的需求搭建出能够通过三种开锁模式,实现使用指纹、IC卡的门禁控制需要实现以下三种功能,包含智能指纹管理功能和智能 IC 卡管理功能和人员管理系统。

训练任务分析:

为了实现上述任务,需要掌握以下知识:

(1) 指纹识别的工作原理;

(2) IC 卡的工作原理;

(3) 实现对 IC 卡和指纹识别出来的数据进行管理;

(4) 通过 U-boot 安装系统的原理。

支撑知识

1. 光学指纹扫描仪

指纹扫描仪系统有两项基本工作:一是需要获得手指的图像,二是需要确定该图像中的嵴纹和波谷是否与以前扫描图像中的嵴纹和波谷相吻合。

获得一个人的指纹图像有多种方法。现在最常用的方法就是光学扫描和电容扫描。这两种扫描方法以完全不同的方式工作,但都会得到同一种图像。

光学扫描仪的核心部件是电荷耦合设备(CCD),这与数码相机和摄像机中使用的光传感器系统是相同的。CCD 只不过是一组光敏二极管(称为光敏器件),这种器件在光子的作用下可以产生电信号。每个光敏器件记录一个像素,即一个代表射中该点的光束的微小圆点。明暗像素共同构成了扫描场景(例如一个手指)的图像。通常,在扫描仪系统中有一个模数转换器,用来处理模拟电子信号以产生该图像的数字表现形式。有关 CCD 和数字转换的详细信息,请参见数码相机工作原理。

扫描仪配有光源,通常为一组发光二极管,用来照亮手指的嵴纹。当你将手指放在玻璃板上时,扫描过程就开始了,CCD 相机便将指纹照片拍摄下来。实际上 CCD 系统产生的是手指的倒像,较暗的区域代表较多反射光线(手指的嵴纹),较亮的区域代表较少的反射光线(手指的波谷)。

在比较指纹与存储数据之前,扫描仪处理器要确保 CCD 拍摄到了清晰的图像。它会检查像素暗度的平均值或者一个小样本的整体值,如果图像整体太暗或太亮,该次扫描便会被放弃。于是扫描仪调整曝光时间以允许更多或者更少的光线进入,再扫描一次。

如果暗度合适,扫描仪系统会继续检查图像的清晰度(指纹扫描的锐度)。处理器将查看在图像上沿垂直和水平方向移动的若干直线。如果与嵴纹垂直的线由非常暗的像素和非常亮的像素交互组成,那么就意味着指纹图像有很好的清晰度。

2. ID 卡简介

ID 卡全称为身份识别卡(Identification Card),是一种不可写入的感应卡,含固定的编号,主要有台湾 SYRIS 的 EM 格式、美国 HIDMOTOROLA 等各类 ID 卡。ID 卡与磁卡一样,都仅仅使用了"卡的号码"而已,卡内除了卡号外,无任何保密功能,其"卡号"是公开、裸露的。所以说 ID 卡就是"感应式磁卡"。ISO 标准 ID 卡的规格为:$85.6 \times 54 \times 0.80 \pm 0.04$ mm(高/宽/厚),市场上也存在一些厚、薄卡或异型卡;整个识别系统由卡、读卡器和后台控制器组成。工作过程如下：

① 读卡器将载波信号经天线向外发送，载波频率为 125 kHz(THRC12)。

② ID 卡进入读卡器的工作区域后，由卡中电感线圈和电容组成的谐振回路接收读卡器发射的载波信号，卡中芯片的射频接口模块由此信号产生出电源电压、复位信号及系统时钟，使芯片"激活"。

③ 芯片读取控制模块将存储器中的数据经调相编码后调制在载波上经卡内天线回送给读卡器。

④ 读卡器对接收到的卡回送信号进行解调、解码后送至后台计算机。

⑤ 后台计算机根据卡号的合法性，针对不同应用做出相应的处理和控制。

数据通讯协议：

① UART 接口一帧的数据格式为 1 个起始位，8 个数据位，无奇偶校验位，1 个停止位。

② 输出波特率：19 200bps。

③ 数据格式：

5 字节数据，高位在前，格式为 4 字节数据＋1 字节校验（异或和）。例如：卡号数据为 12345678，则输出为 0x12 0x34 0x56 0x78 0x08（异或和计算：0x12^0x34^0x56^0x78＝0x08），当有卡进入该射频区域内时，主动发出以上格式的卡号数据。

3. U-boot 介绍

首先介绍一下 BootLoader 的功能。在 CPU 刚上电启动的时候，一般连内存控制器都没有配置过，根本无法在内存中运行程序，更不可能处在 Linux 内核的启动环境中。为了初始化 CPU 及其他外设，使得 Linux 内核可以在系统主存中运行起来，并让系统符合 Linux 内核启动的必备条件，必须要有一个先于内核运行的程序，它就是所谓的引导加载程序(BootLoader)。

通过上面的讲述，可以知道：BootLoader 是在操作系统内核运行之前运行的一段小程序。通过这段小程序，我们可以初始化硬件设备，从而将系统的软硬件环境带到一个合适的状态，以便为最终调用操作系统内核准备好正确的环境，最后从别处（Flash、以太网、UART）载入内核映像并跳到入口地址。

由于 BootLoader 直接操作硬件，所以它严重依赖于硬件，而且依据所引导操作系统的不同，也有不同的选择。就 S3C24x0 而言，如果是引导 Linux，一般选用韩国的 mizi 公司设计的 vivi 或者 DENX 软件工程中心的 U-boot。如果是要引导 eCos 系统，就可以选用同是 Redhat 公司开发的 Redboot。所以在嵌入式世界中建立一个通用的 BootLoader 几乎是不可能的，而有可能的是让一个 BootLoader 代码支持多种不同的构架和操作系统，并让它方便移植。U-boot 就是支持多平台多操作系统的一个杰出代表。如果在开发 S3C2440 时熟悉了 U-boot，再转到别的平台的时候就可以很快地完成这个平台下的 U-boot 移植，而且 U-boot 的代码结构越来越合理，对于新功能的添加也十分容易。

本实训用到的设备 CPU 型号为三星公司出品的 S5PV210。本实训通过 U-boot 这个工具来引导将 SD 卡里面的 Linux 镜像文件安装到 NandFlash 里面。

U-boot 界面介绍

如图 2-1 为系统上电后打印出的一段信息。红色框处是自动引导倒计时,我们设置的默认时间是 1 秒钟,在 1 秒后系统将会进入自动引导区。在倒计时完成之前,我们按下 PC 机任意键就可以停止自动引导,进入 U-boot 界面。

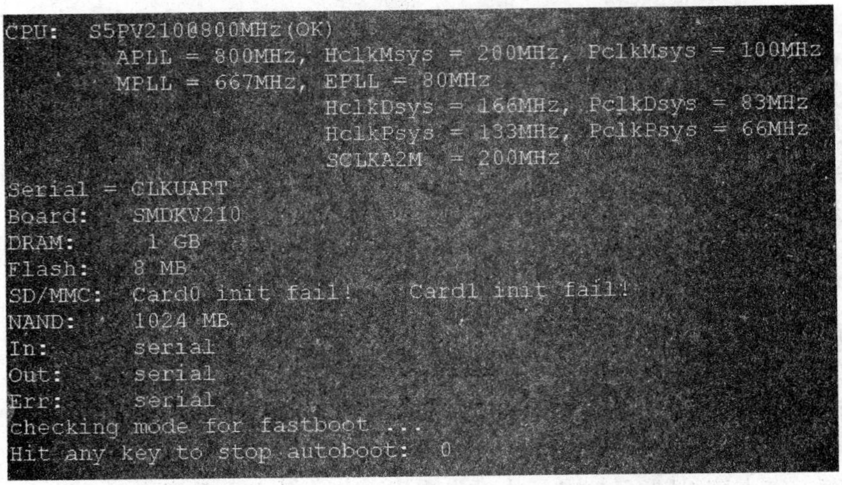

图 2-1 系统启动界面

如图 2-2 为 U-boot 界面。在这个界面里会有一个命令菜单,如红色框处所示我们需要安装产品镜像文件。

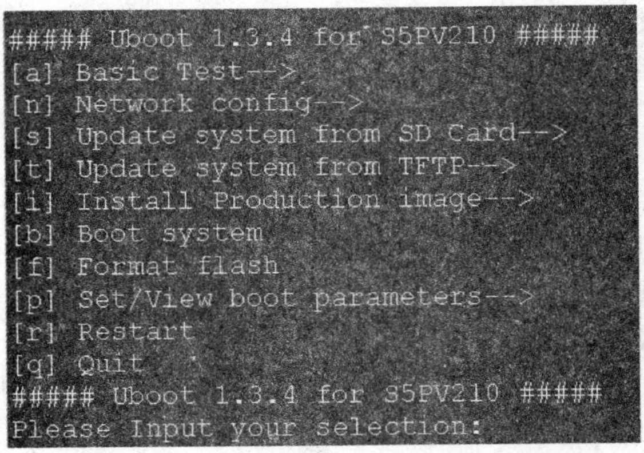

图 2-2 Uboot 界面

之后会弹出一个镜像来源菜单,如图 2-3 所示。在这里需要选择"t"项,意思是从 SD 卡安装。

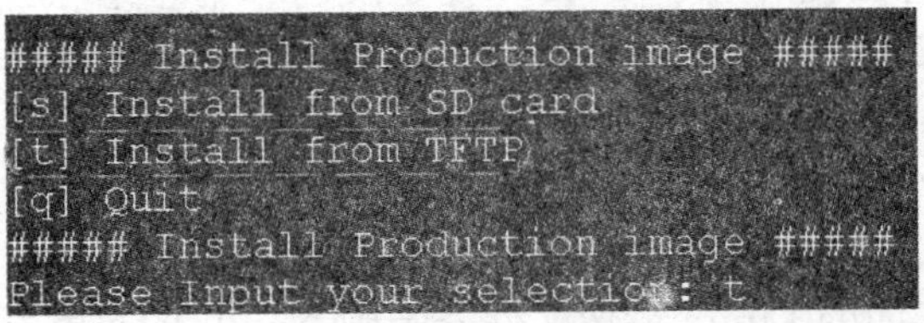

图 2-3 镜像来源选择界面

然后会让你输入产品名称,如图 2-4 所示。这时输入红框处名称"DoorControl",回车之后就可以开始烧写镜像了。

```
##### Install Production image #####
[s] Install from SD card
[t] Install from TFTP
[q] Quit
##### Install Production image #####
Please Input your selection: t
Please input product name: *DoorControl
```

图 2-4 输入镜像名称界面

任务同步训练

任务描述

通过对任务的需求认知和理论学习之后,接下来需要对整个系统进行组建,对系统的组建需要做以下训练:
(1) 对整个系统的硬件进行认知分析;
(2) 构建出门禁系统控制平台;
(3) 对门禁系统功能进行测试。

1. 硬件认知

如图 2-5 所示,为本系统使用的指纹模块。

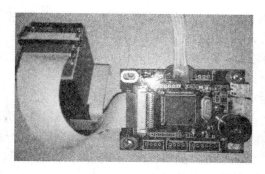

图 2-5 指纹模块

指纹模块:光学指纹识别模块,提供指纹控制。
开发接口:UART。

指纹模块通过门禁网关控制,在门禁网关中对指纹数据进行管理,把加载进来的指纹数据,统计放在数据库中,当在一次进入使用指纹模块对指纹进行识别的时候,会查找到数据库中的信息,当这个信息已经被存储的数据库中,门就会直接打开,否则会因为没有指纹数据门将不打开。

如图 2-6 所示,为本系统使用的 ID 读卡器。

图 2-6 ID 读卡器

工作频率	125 kHz
感应距离	3~7 cm
工作电压	DC 5~16 V
工作电流	< 50 mA
工作温度	−25℃~85℃
工作湿度	10%~90%

读卡器模块通过门禁网关控制,在门禁网关中对IC卡数据进行管理,把加载进来的IC卡数据,统计放在数据库中,当在一次进入使用读卡器模块对IC卡的信息识别的时候,会查找到数据库中的信息,当这个信息已经被存储的数据库中,门就会直接打开,否则会因为没有IC卡数据门将不打开。

如图2-7所示,为本系统使用的4*4键盘。

图2-7 4*4键盘

图2-8 中央控制器

通过键盘输入密码可以进入人员管理界面,在通过人员管理系统可以对可以进入房间的用户进行信息录入,包括指纹信息录入和IC卡信息录入,录入信息会直接存在门禁控制系统中,当某个指纹或者IC卡想要进入房间,会查找之前录入的指纹和IC卡信息,信息确认就会给门一个指令,让门打开。

如图2-8所示,为本系统使用的中央控制器。

(1) 采用Cortex-A8处理器,主频1GHz;DDR2 RAM:1GB,Flash:1GB。

(2) 7寸真彩触摸屏16∶9显示,分辨率:800×480,能够进行本地数据实时查看。

中央处理器作为整个系统的大脑,对整个系统进行管理,包括:指纹数据的录入存储、ID卡的信息录入存储以及他们的数据库管理。

门禁网关控制器安装

从开关电源2(220转5 V)输出端引出正极与接线端子3一端相连,从接线端子3另一端引出1根线门禁中央控制器的J109正极相连,从开关电源2(220转5 V)输出端引出负极与接线端子4一端相连,从接线端子4另一端引出1根线跟门禁中央控制器的J109负极相连。从开关电源1(220转12 V)输出端引出正极与接线端子5一端相连从接线端子5另一端引出1根线门禁中央控制器的J119正极相连,从开关电源1(220转12 V)输出端引出负极与接线端子4一端相连,从接线端子4另一端引出1根线跟门禁中央控制器的J119负极相连。把接线端子下面的跳线帽跳到12 V,用来给读卡器、指纹模块、4*4键盘供电。接线方式如图2-8所示。

项目二 门禁系统设计与开发

图 2-8

指纹模块的接入

从指纹模块引出 1 条 4Pin 排线跟门禁中央控制器下方转接板中的标有指纹模块的 4Pin 线相连。如图 2-9 所示。

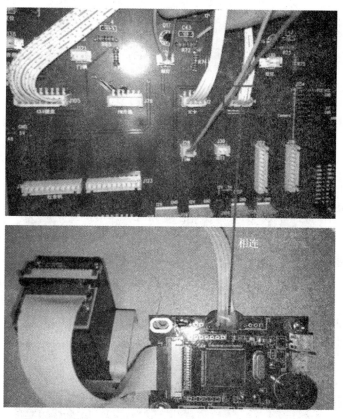

图 2-9 指纹连接方式

读卡器的接入

从读卡器模块引出 1 条 4Pin 排线跟门禁中央控制器下方转接板中的标有 IC 卡的

4Pin 线相连。如图 2-10 所示。

图 2-10　读卡器连接方式

键盘的接入

从键盘模块引出 1 条 8Pin 排线跟门禁中央控制器下方转接板中的标有 4*4 键盘的 8Pin 线相连。如图 2-11 所示。

图 2-11　键盘连接方式

门磁的接入

从门磁中引出 1 条 2Pin 排线跟门禁中央控制器下方转接板中的标有门磁的 2Pin 线相连。如图 2-12 所示。

图 2-12　门磁连接方式

摄像头模块的接入

从摄像头模块引出 1 条 USB 线跟门禁中央控制器下方 USB 口进行连接。整体最近连接方式如图 2-13 所示。

图 2-13　门禁连接图

模拟门的接入

从接线端子 3 中引出 1 条线和继电器模块的 VCC 相连,从接线端子 4 中引出 1 条线和继电器模块的 GND 相连,从 VCC 和 GND 之间引出一条线直接跟 R72 电阻相连。从接线端子 5 中引出一条线,并联出两条线,其中一条和手动开关输入端连接,另外一条和继电器相连。从手动开关输出点引出两条线一天和继电器相连,另外一条和电动锁相连。从接线端子 4 引出一条线直接和电动锁负极相连。如图 2-14 所示。

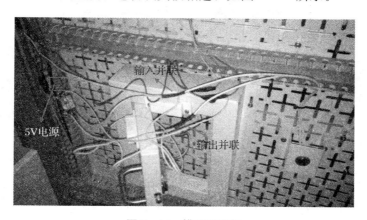

图 2-14　模拟门连接

2. 门禁系统环境搭建

硬件连接

如图2-15所示将串口线的一端连接到开发板上,另一端连接到电脑上,同时,将网线的一端连接电脑,另一端连接开发板,连接好硬件之后就可以进行下一步操作了。

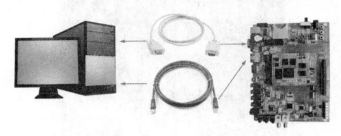

图2-15 硬件连接

建立超级终端

在PC机的开始菜单里找到"开始->程序->附件->通讯->超级终端"打开之后会弹出如图2-16所示界面。

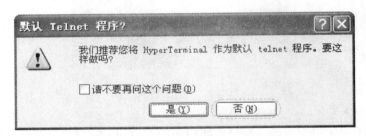

图2-16 默认Telnet程序提示

选择"否"进入图2-17界面,这时候需要在名称下面的输入框里输入一个名称,在这里我们输入"sunplusapp_com",输入完成点击"确定"按钮。

图2-17 名称输入对话框

确定之后进入端口选择对话框,我们在连接时使用下拉单里选择"COM1"(根据自己电脑的串口配置选择），选择完成之后点击"确定"按钮。如图 2-18 所示。

图 2-18 端口选择对话框

确定之后进入端口配置界面，请注意您的端口配置一定要和图 2-19 所示的配置保持一致。配置完成之后点击"确定"。

图 2-19 串口配置对话框

确定之后就进入了超级终端的界面如图 2-20 所示，注意红色框部分应该处于连接状态才能正常的通信。

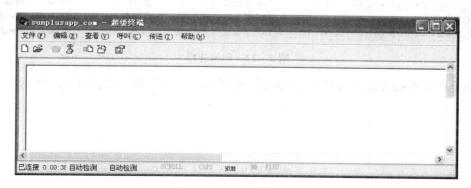

图 2-20 超级终端界面

启动 TFTP 服务器

在光盘资料里找到"smartHomeImage_1.4.2"文件夹,在里面找"tftpd32.exe"应用程序。找到后双击打开。如图 2-21 所示,确定下图中框处的路径与 tftpd32.exe 软件在同一个路径,如果不在同一个路径,通过"Browse"使其与 tftpd32.exe 处在同一路径。这样 TFTP 服务器就启动了。

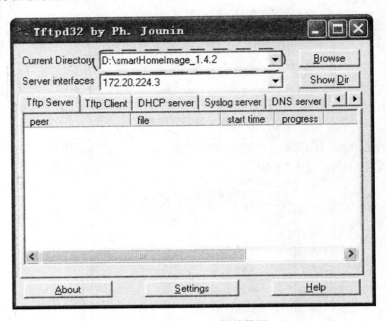

图 2-21 Tftpd32 软件界面

配置 PC 机网络环境

此步骤需要配置 PC 机的网络 IP 地址,点击开始|设置|网络连接,进入图 2-22 所示界面。

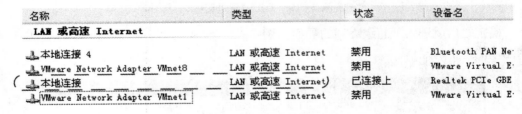

图 2-22 网络连接

在上图所示的界面中右键"本地连接",选择"属性(R)",操作如图 2-23 所示。

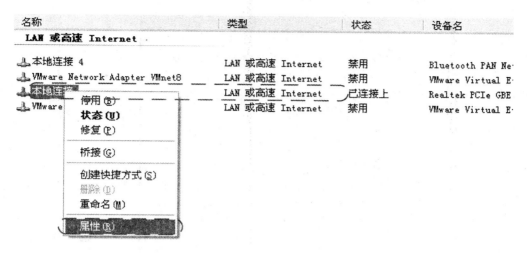

图 2-23 网络连接属性

调出了"本地连接属性"界面后,选择"Internet 协议(TCP/IP)",点击"属性",进入"Internet 协议(TCP/IP)属性"界面。如图 2-24 所示。

图 2-24 本地连接属性界面

进入如图 2-25 所示界面之后需要手动给自己的电脑配置 IP 地址,配置方法如下图所示,配置完成之后点击"确定"按钮,这样 PC 机的 IP 地址就配置完成了。

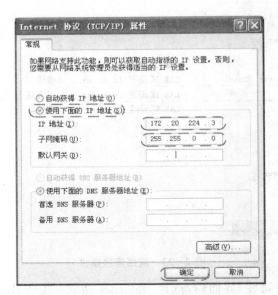

图 2-25 手动配置网络 IP 地址

进入 U-Boot,配置网络环境

如图 2-26 为系统上电后打印出的一段信息。红色框处是自动引导倒计时,我们设置的默认时间是 1 秒钟,在 1 秒后系统将会进入自动引导区。在倒计时完成之前,我们按下 PC 机任意键就可以停止自动引导,进入 U-boot 界面。

```
CPU:   S5PV210@800MHz(OK)
       APLL = 800MHz, HclkMsys = 200MHz, PclkMsys = 100MHz
       MPLL = 667MHz, EPLL = 80MHz
                      HclkDsys = 166MHz, PclkDsys = 83MHz
                      HclkPsys = 133MHz, PclkPsys = 66MHz
                      SCLKA2M  = 200MHz
Serial = CLKUART
Board:   SMDKV210
DRAM:    1 GB
Flash:   8 MB
SD/MMC:  Card0 init fail!    Card1 init fail!
NAND:    1024 MB
In:      serial
Out:     serial
Err:     serial
checking mode for fastboot ...
Hit any key to stop autoboot:  0
```

图 2-26 系统启动界面

首先需要配置系统的 IP 地址,在图 2-27 所示界面输入小写字母"n",就进入了网络配置界面。

· 56 ·

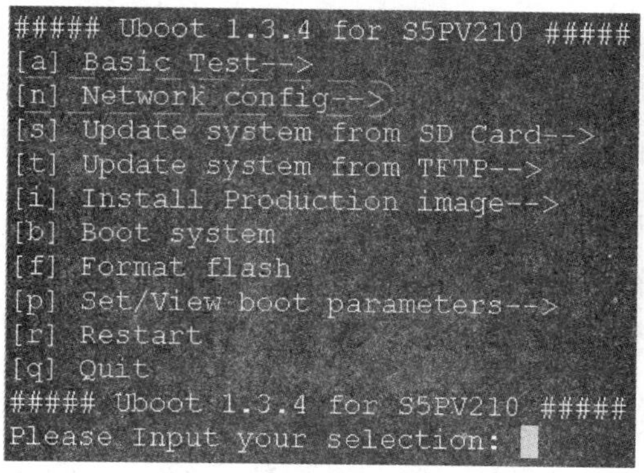

```
##### Uboot 1.3.4 for S5PV210 #####
[a] Basic Test-->
[n] Network config-->
[s] Update system from SD Card-->
[t] Update system from TFTP-->
[i] Install Production image-->
[b] Boot system
[f] Format flash
[p] Set/View boot parameters-->
[r] Restart
[q] Quit
##### Uboot 1.3.4 for S5PV210 #####
Please Input your selection:
```

图 2-27 U-boot 菜单界面

进入网络配置界面之后需要配置网关的 IP 地址和服务器的 IP 地址,先选择"i"配置网关 IP 地址。如图 2-28 所示。

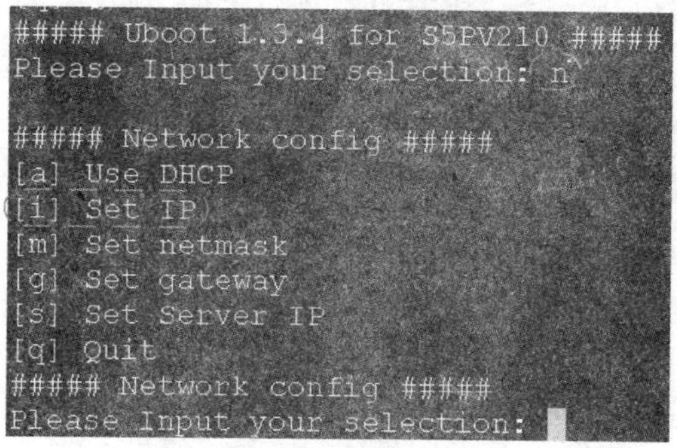

```
##### Uboot 1.3.4 for S5PV210 #####
Please Input your selection: n

##### Network config #####
[a] Use DHCP
[i] Set IP
[m] Set netmask
[g] Set gateway
[s] Set Server IP
[q] Quit
##### Network config #####
Please Input your selection:
```

图 2-28 网络配置界面

如图 2-29 所示配置网关的 IP 地址为 172.20.224.89,输入完成之后按下回车键,完成网络配置。

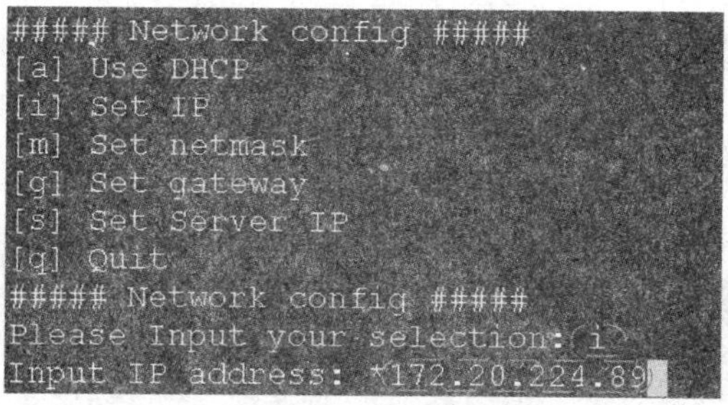

```
##### Network config #####
[a] Use DHCP
[i] Set IP
[m] Set netmask
[g] Set gateway
[s] Set Server IP
[q] Quit
##### Network config #####
Please Input your selection: i
Input IP address: 172.20.224.89
```

图 2-29 网关 IP 地址配置

然后需要配置服务器的 IP 地址,如图 2-30 所示,服务器的 IP 地址为 172.20.224.89,输入完成之后回车。

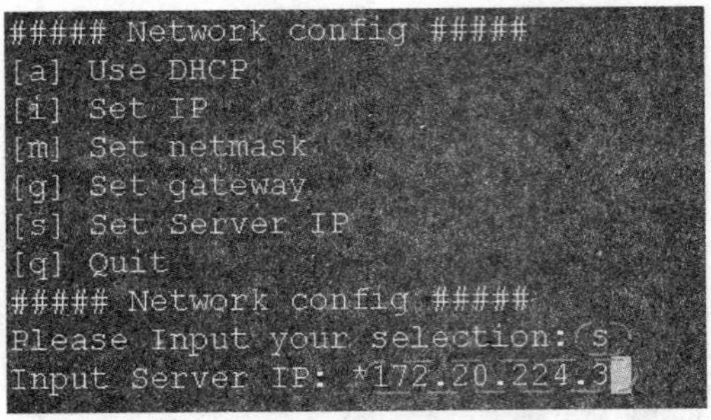

图 2-30 服务器 IP 地址配置

配置完网络之后推出网络配置界面,如图 2-31 所示选择"q"就可以推出网络配置菜单,进入 U-boot 菜单。

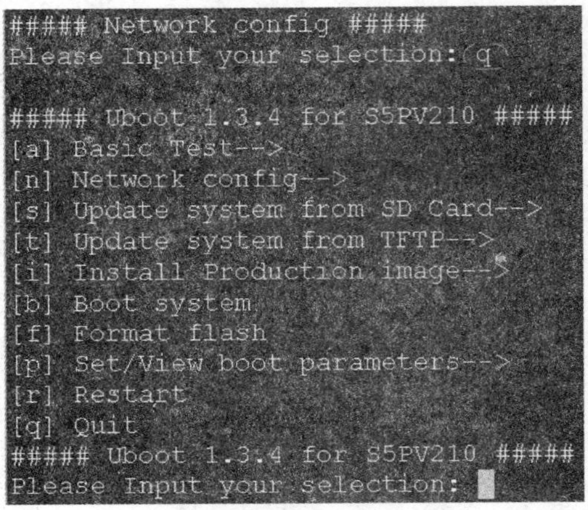

图 2-31 退出网络地址配置界面

接下来要测试 PC 机的网络环境和网关的网络环境是否是通的。在 U-boot 菜单里,选择"q"推出 U-boot 菜单,在 SAPP210 #之后输入测试命令 ping 172.20.224.3,回车后稍等几秒钟,如果网络是通的就会出现图 2-32 中的"host 172.20.224.3 is alive"提示。若网络不通,需要检查一下之前的步骤。提示:只有网络 ping 通之后才能进行下面的操作。

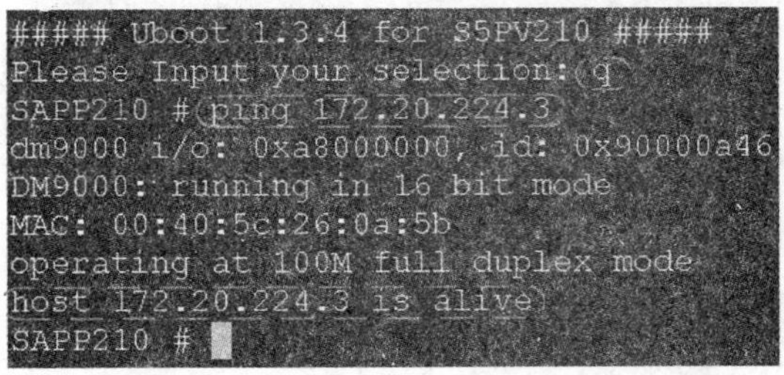

图 2-32 测试网络环境

如图 2－33 所示，输入 menu，回车重新进入 U-boot 菜单。

```
##### Uboot 1.3.4 for S5PV210 #####
Please Input your selection: q
SAPP210 # ping 172.20.224.3
dm9000 i/o: 0xa8000000, id: 0x90000a46
DM9000: running in 16 bit mode
MAC: 00:40:5c:26:0a:5b
operating at 100M full duplex mode
host 172.20.224.3 is alive
SAPP210 # menu
```

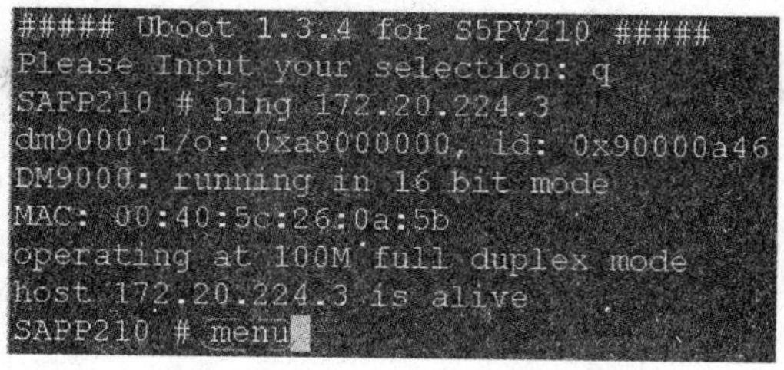

图 2－33　重新进入 U-boot 界面

如图 2－34 所示，重新进入 U-boot 菜单，这时就可以准备系统烧写的工作了。

```
SAPP210 # menu

##### Uboot 1.3.4 for S5PV210 #####
[a] Basic Test-->
[n] Network config-->
[s] Update system from SD Card-->
[t] Update system from TFTP-->
[i] Install Production image-->
[b] Boot system
[f] Format flash
[p] Set/View boot parameters-->
[r] Restart
[q] Quit
##### Uboot 1.3.4 for S5PV210 #####
Please Input your selection:
```

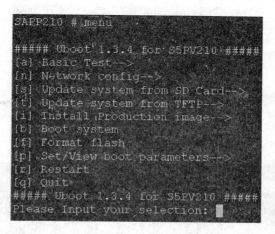

图 2－34　U-boot 界面

烧写系统镜像文件

如图 2－35 为 U-boot 界面。在这个界面里会有一个命令菜单，如红色框处所示我们需要安装产品镜像文件。

```
##### Uboot 1.3.4 for S5PV210 #####
[a] Basic Test-->
[n] Network config-->
[s] Update system from SD Card-->
[t] Update system from TFTP-->
[i] Install Production image-->
[b] Boot system
[f] Format flash
[p] Set/View boot parameters-->
[r] Restart
[q] Quit
##### Uboot 1.3.4 for S5PV210 #####
Please Input your selection:
```

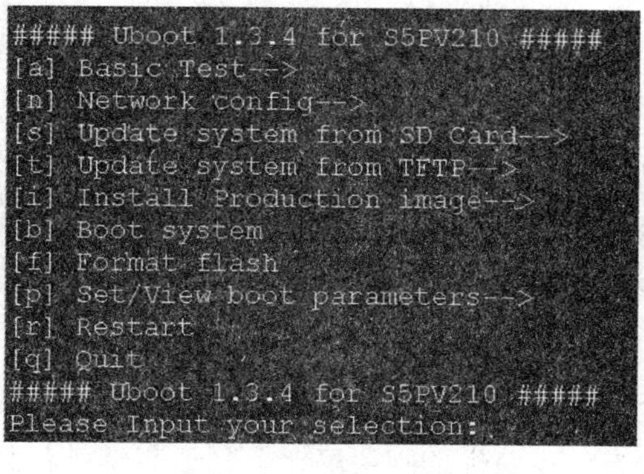

图 2－35　U-boot 界面

之后会弹出一个镜像来源菜单。在这里需要选择“t”项，意思是从 TFTP 安装。如图

2-36所示。

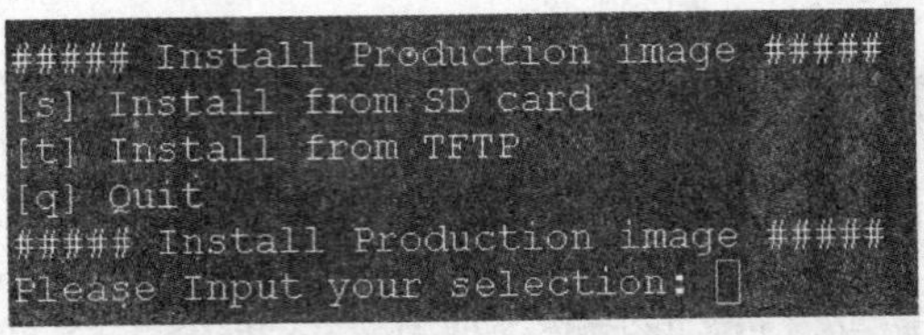

图2-36 镜像来源选择界面

然后会让你输入产品名称,如图2-37所示。这是输入红框处名称"smartHomeQT",回车之后就可以开始烧写镜像了。

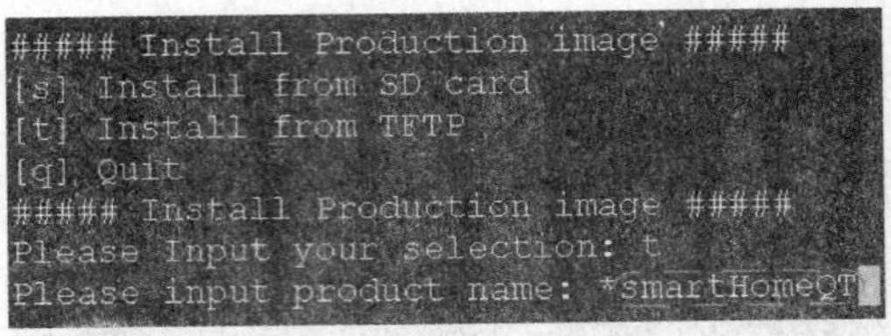

图2-37 输入镜像名称界面

烧写过程中会提示以下打印信息,说明系统正传送文件,如图2-38所示。

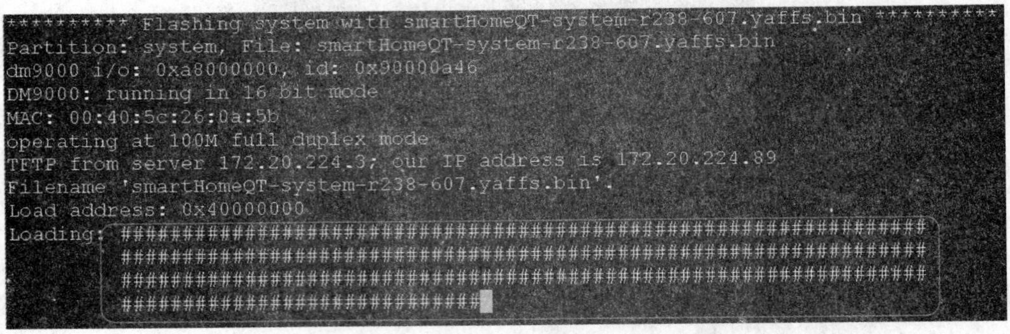

图2-38 文件传送过程

出现下面的界面说明系统文件长在往Nand Flash中烧写。如图2-39所示。

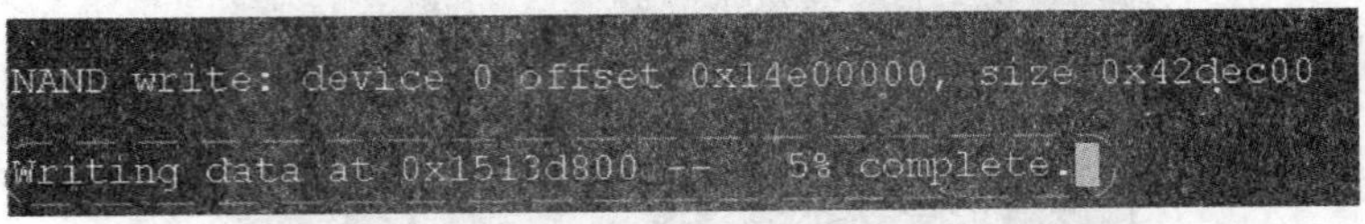

图2-39 Nand Flash烧写过程

稍等片刻,所有需要的文件烧写完成之后系统会重新启动,启动之后系统会在下图所示的界面停留30秒钟,等待我们校准网关屏幕。如果系统等待30秒之后仍然没有校准屏幕的动作,那么系统就会直接启动。如果想再次校准屏幕,可以重新启动一下网关。如图2-40所示。

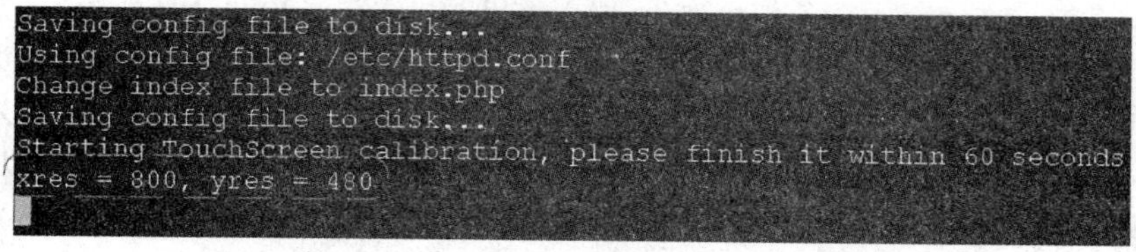

Saving config file to disk...
Using config file: /etc/httpd.conf
Change index file to index.php
Saving config file to disk...
Starting TouchScreen calibration, please finish it within 60 seconds
xres = 800, yres = 480

图 2 - 40 校准屏幕等待位置

如图 2 - 41 所示为网关进入校准屏幕界面，操作者只需要点击十字架处即可，整个校准屏幕过程会有 5 个十字架，依次点击即可。

TSLIB calibration utility
Touch crosshair to calibrate

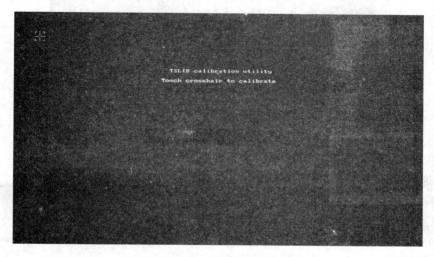

图 2 - 41 校准屏幕界面

稍等片刻，出现如图 2 - 42 的界面说明系统安装已经完成。至此整个系统的安装工作就结束了。

00
05

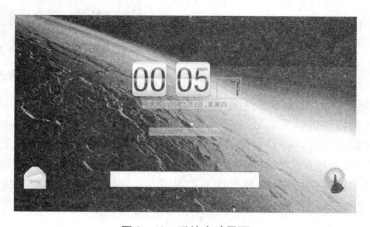

图 2 - 42 系统启动界面

3. 门禁系统功能测试

门禁系统正常启动后，界面显示如图 2-43 所示，主页有"留言"、"指纹识别"两个按钮，此时可通过刷卡、指纹识别或中控界面的"开门"按钮，控制门磁开关（开门动作必须在完成信息录入及与中控联网成功前提下，否则系统将提示没有权限或开门失败）。

图 2-43　门禁系统主页

（1）通过刷卡的方式进门

确定系统运行所示的主界面，将 ID 卡片靠近读卡器位置，听到"滴"的提示音，表示读卡成功，如图 2-44 所示，观察机柜面板的绿色指示灯是否点亮，同时观察下方门磁是否断开将门弹出；识别成功则绿色指示灯点亮，门被弹出；否则，主页弹出"没有权限"对话框，表示本次开门失败，ID 卡没有开门权限，需要管理员将此 ID 卡信息提前录入止系统数据库方可获得开门权限；开门成功后系统会在 5s 自动将门重新锁上，以保证系统安全。

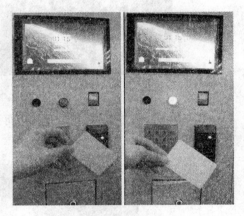

图 2-44　ID 卡开门

（2）通过指纹识别的方式进门

确定系统运行在图所示的主界面，点击"指纹识别"按钮，所示的指纹识别处将点亮蓝光，将手指指贴近指纹信息采集处，等待系统识别验证。同样观察机柜面板的绿色指示灯是否点亮，同时观察下方门磁是否断开将门弹出；识别成功则绿色指示灯点亮，门被弹出；否则，主页弹出"没有权限"对话框，表示本次开门失败，该指纹没有开门权限或识别出错，需要管理员将指纹信息录入系统数据库方可获得开门权限。开门成功后系统会在 5s 自动将门重新锁上，以保证系统安全。

访客留言

门禁系统具有本地访客留言功能,并且可以上传至系统中央控制器端查看;点击门禁系统主页的"留言"图标,系统进入访客留言界面,如图 2-45 所示,包括"文本留言"、"图片留言"、"房间选择"、"提交"等功能。

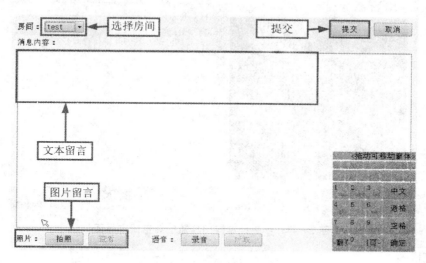

图 2-45 访客留言

文本留言:通过软键盘输入留言信息。

图片留言:点击"拍照"按钮,系统弹出拍照对话框,如图 2-46 所示,显示画面为门禁系统摄像头所拍摄画面,点击"OK"按钮,完成拍照并在本地保存,系统自动返回"访客留言"界面。

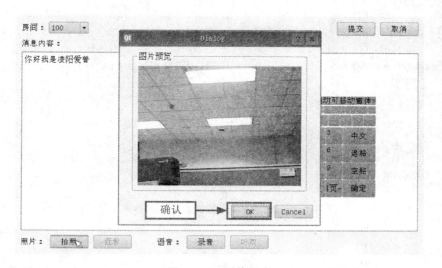

图 2-46 图片留言

完成文本留言输入保存后,点击"选择房间"下拉菜单中目标房间,通常选择"100";点击"提交"按钮将所有留言信息上传至系统中央控制器(也可分别上传);系统弹出"消息上传成功"对话框表示信息上传成功,此时,可通过中央控制器"门禁通信"界面的"消息留言界面"查看,如图 2-47 所示,观察是否为刚上传的留言信息。

图 2-47　中央控制器门禁通信消息留言界面

系统设置

为保证门禁系统安全及开门权限,单独设置了系统设置功能,只有管理员有权限登录到系统设置界面,通过 4*4 金属键盘输入密码,点击界面"登录"按钮或 4*4 金属键盘的"确认"键,如图 2-48 所示。登录到系统设置界面,其中包含"常用配置"、"房间管理"、"人员管理"、"日志管理"四部分,如图 2-49 所示。

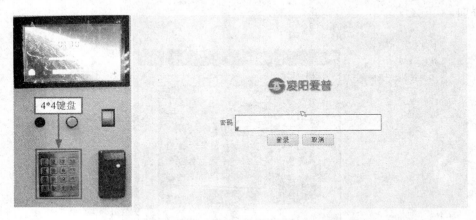

图 2-48　4*4 金属键盘及登录界面

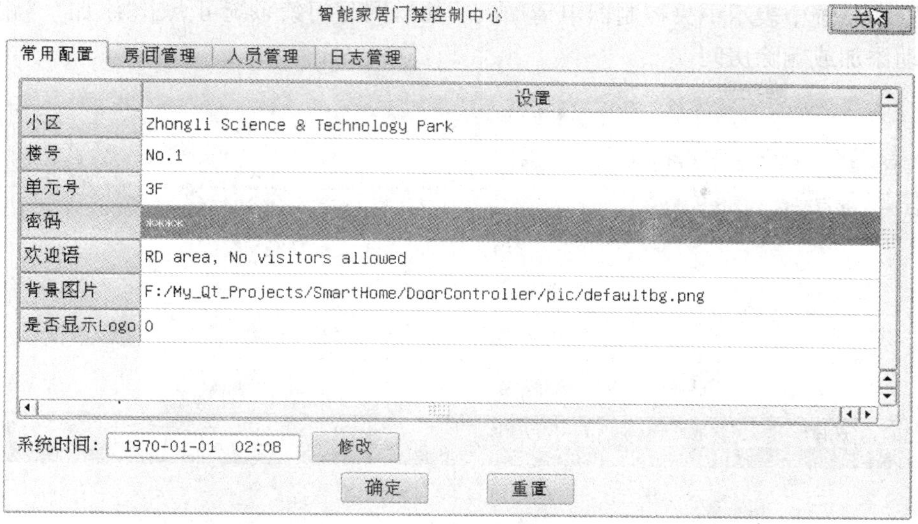

项目二 门禁系统设计与开发

图 2-49 系统设置界面

常用配置

点击"常用配置"按钮,进入系统常用配置界面,如图 2-50 所示,包含小区信息、楼号、单元化、密码、欢迎语、背景图片等信息;均可选中进行修改,通常系统无需修改,保持默认即可。

图 2-50 常用配置

房间管理

点击"房间管理"按钮,进入房间管理界面,如图 2-51 所示。房间管理界面实现单元门对个住户房间的管理情况,比如可以通过多个房间控制门锁,有新的房间申请加入时,会如图 2-51 所示,显示房间号及 IP 地址,点击"接收"按钮,表示门禁系统通过新房间加入申请(本系统中表示中央控制器申请加入成功);同时门禁系统可点击"添加"、"删除"按钮,主动添加或删除房间。

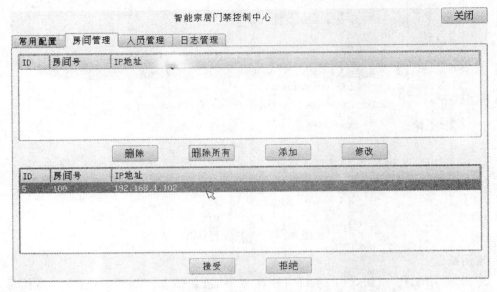

图 2-51 房间管理

人员管理

点击"人员管理"按钮,进入人员管理界面,如图 2-52 所示,人员管理主要用于录入 IC 卡和指纹信息,只有在此处添加过信息的 IC 卡和指纹信息,才具备开门权限;人员管理界面包含"添加 IC 卡"、"添加指纹"、"修改"、"删除"等按钮,功能分别如下。

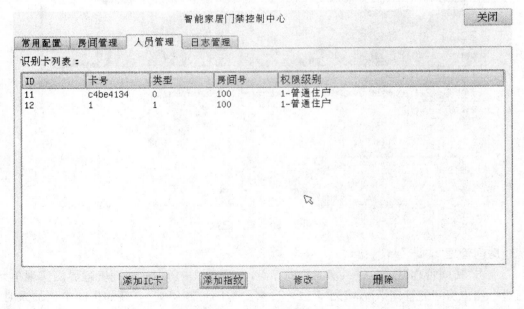

图 2-52 人员管理

添加 IC 卡:点击"添加 IC"按钮,进入 IC 卡信息录入界面,如图 2-53 所示,可以修改房间号,通常选择默认;将要添加开门权限的 IC 卡片放在读卡器处,等待提示信息显示"成功获取到 IC 卡号!",表示此 IC 卡信息添加成功,信息已经保存至门禁系统数据库,即此 IC 卡已具备开门权限;点击"确认"按钮返回到"人员管理"界面,可以在信息列表中看到刚添加的 IC 卡信息。

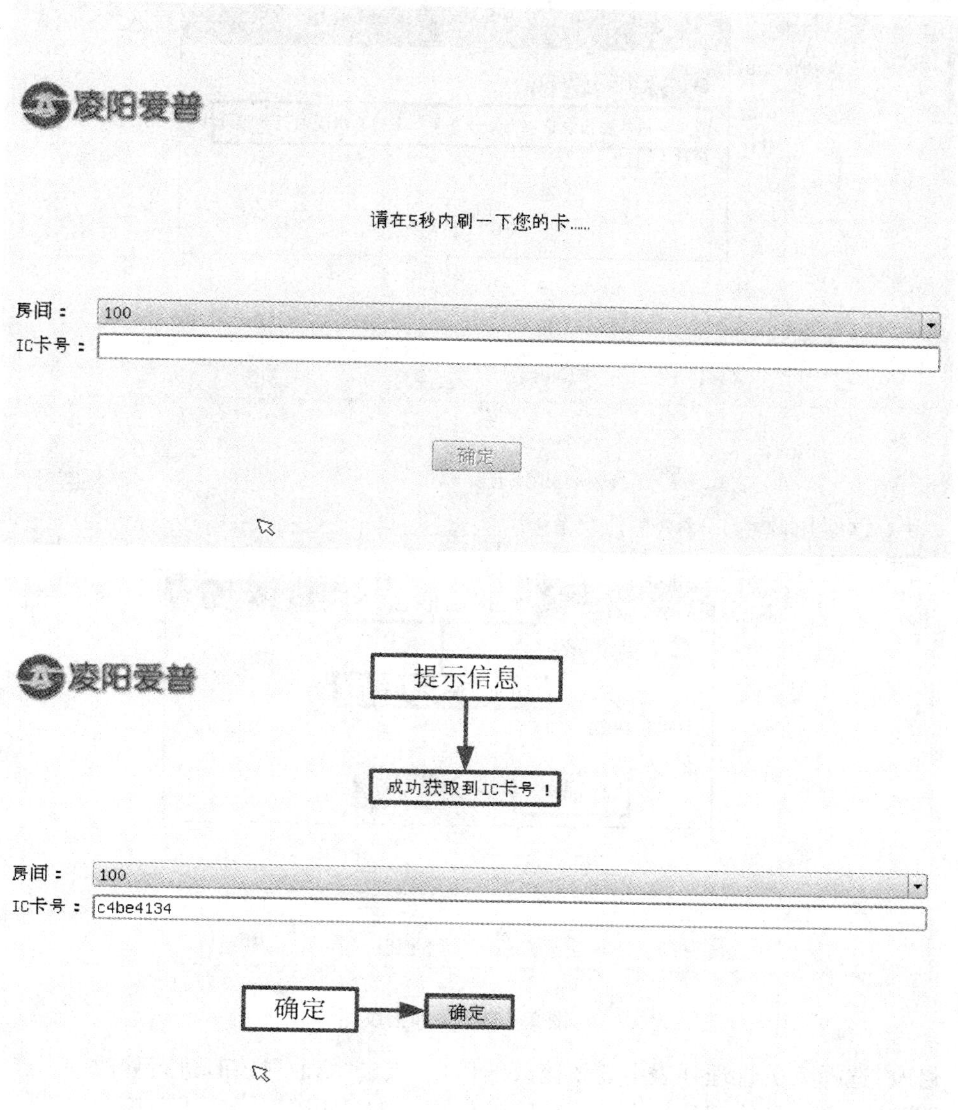

图 2-53　添加 IC 卡

添加指纹:点击"添加指纹"按钮,系统弹出添加指纹对话框,如图 2-54 所示,可以修改房间号及 ID 号,通常选择默认;指纹识别模块的指纹采集处蓝色灯会闪烁,将手指放在指纹采集处,等待提示信息显示"现在可以将手指移开了。",表示此指纹信息添加成功,信息已经保存至门禁系统数据库,即此指纹已具备开门权限;点击"OK"按钮确认返回到"人员管理"界面,可以在信息列表中看到刚添加的指纹信息。

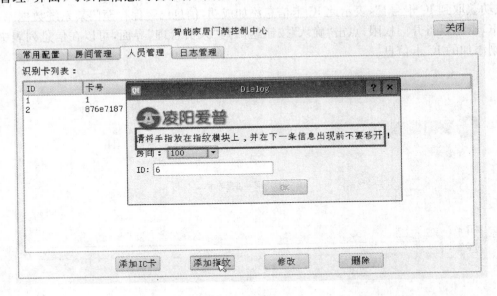

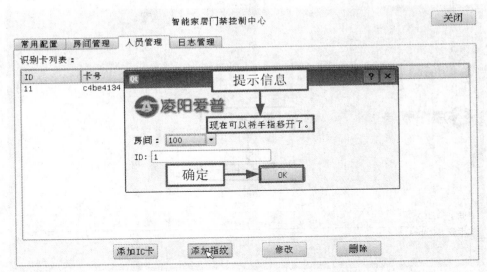

图 2-54 添加指纹

修改:选择人员管理列表中需要修改的信息,点击"修改"按钮,进行修改。
删除:选择人员管理列表中需要删除的信息,点击"删除"按钮,进行删除。

日志管理

点击"日志管理"按钮,进入日志管理界面,如图 2-55 所示,日志管理主要用于记录系统的运行记录,包含"消息日志"、"登录日志"、"游客日志"。

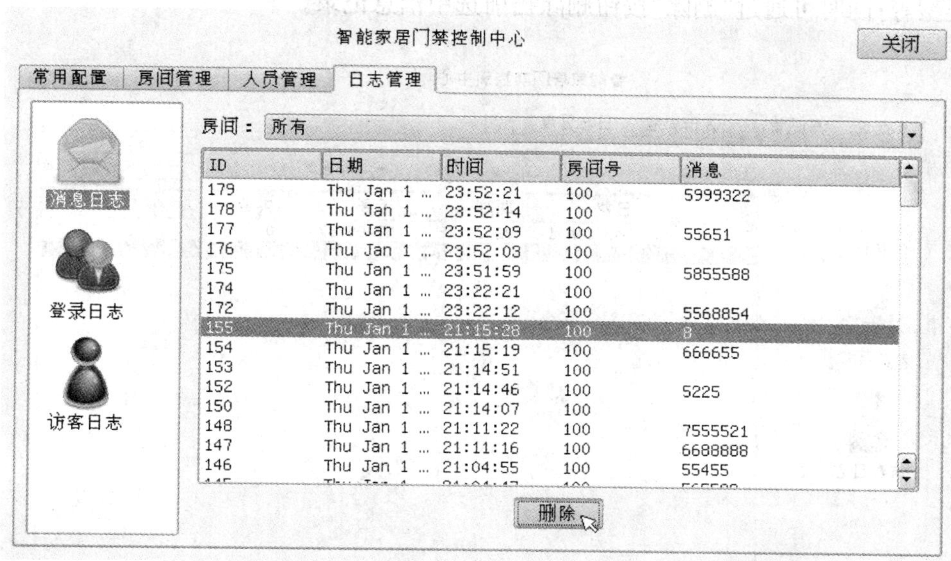

项目二 门禁系统设计与开发

图 2-55 日志管理

点击"消息日志"图标，表示进入消息日志界面，记录门禁系统向中央控制器上传留言信息的上传记录，如图 2-56 所示，包含文本、图片留言的编号（ID），日期，时间，房间号，消息内容；消息即上传的文本消息，在列表中只显示文本信息；同时可通过"删除"按钮删除当前选中消息记录。

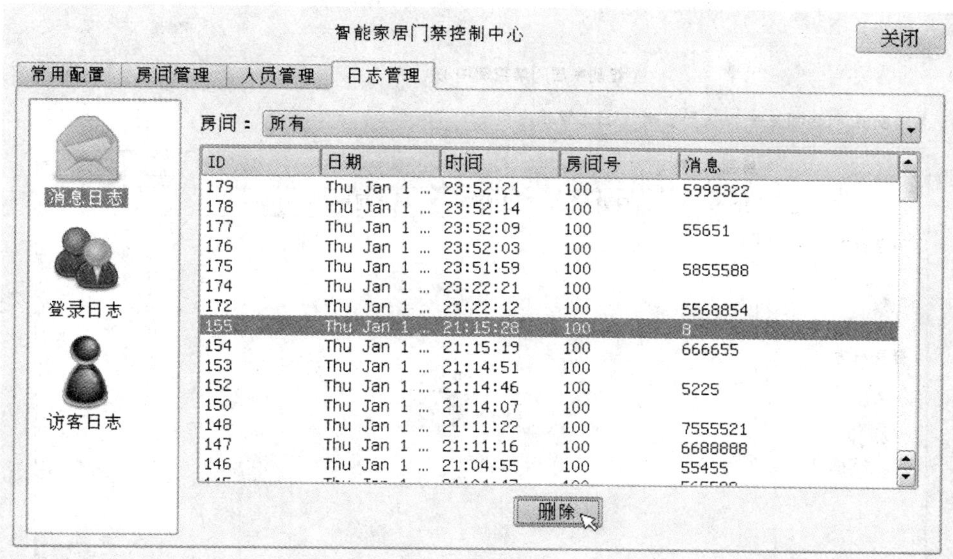

图 2-56 消息日志

点击"登录日志"图标，表示进入登录日志界面，记录门禁系统 ID 卡登录信息，即刷卡开门成功的记录，如图 2-57 所示，在列表中显示每条信息包含编号（ID），日期，时间，卡号,类型等;同时可通过"删除"按钮删除当前选中消息记录。

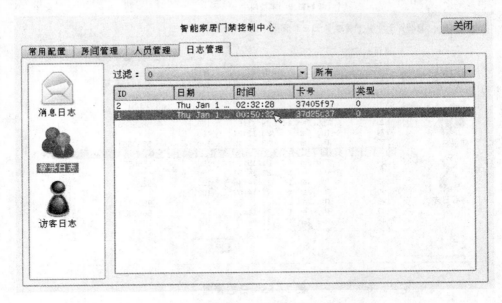

图 2-57　登录日志

点击"访客日志"图标,表示进入访客界面,记录门禁系统门铃呼叫记录,如图 2-58 所示,在列表中显示每条信息包含编号(ID)、日期、时间、卡号、类型等;同时可通过"删除"按钮删除当前选中消息记录;具体操作在 4*4 金属键盘输入呼叫的房间号,点击"门铃"按键。

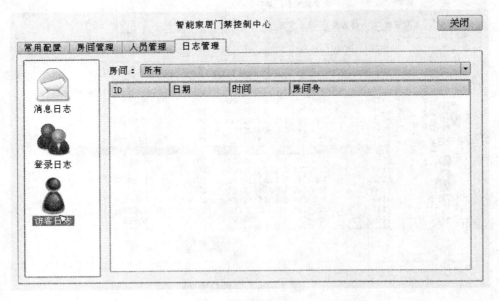

图 2-58　访客日志

自主学习任务

通过对本系统的学习,已经基本掌握了门禁系统原理和门禁系统的功能分析,接下来根据本系统的认识整理出功能描述文档和优缺点分析。

每次课程意见反馈表(建议 5 分钟)

日期：　　　年　　　月　　　日

我喜欢的：☺	
我不喜欢的：☹	
我不理解的：?	

项目三 智能环境控制系统开发

拟实现的能力目标

N3.1　能够了解光照度传感器原理
N3.2　能够了解温湿度传感器原理
N3.3　能够搭建出智能环境控制原理
N3.4　能够了解电机的控制原理
N3.5　能够了解回环控制原理

须掌握的知识内容

Z3.1　光敏电阻工作原理
Z3.2　温湿度传感器 SHT10 工作原理
Z3.3　电动窗帘控制原理
Z3.4　回环控制操作

任务一　智能环境控制系统需求分析

任务情景

北京凌阳爱普科技有限公司受江苏经贸职业技术学院委托,开发一个信息家电实训仿真平台。北京凌阳爱普科技有限公司组成了完成此项目的项目开发小组。作为本项目的产品经理,现在需要与江苏经贸职业技术学院物联网专业的相关老师确定此实训平台的主要功能需求,撰写相关的系统需求文档。

根据用户需求,信息家电实训仿真平台需要实现智能灯光控制系统、门禁控制系统、智能环境控制系统、智能安防系统、智能监控系统等功能。本任务中,要求对智能灯光控制系统进行需求分析,撰写相关的系统需求文档。

任务分析

要了解智能灯光控制系统的主要功能需求,需要解决以下问题:
(1) 什么是智能灯光控制系统?
(2) 智能灯光控制系统功能有哪些?
(3) 本系统的智能灯光控制系统功能有哪些?
(4) 本系统与实际的智能灯光控制系统的差异?

支撑知识

智能环境控制系统

智能环境控制系统是一种通过对环境变量的设置,实现对环境中被控对象的自动控制系统(automatic control systems),是在无人直接参与下可使环境中的被控制对象按期望规律或者预定的程序进行的控制系统。

智能环境控制系统主要是为了实现家居自动化,家居自动化指利用微处理电子技术,来集成或控制家中的电子电器产品或系统,例如:照明灯、风扇、窗帘、咖啡炉、暖气及冷气系统等。家居自动化系统主要是以一个中央微处理机(Central Processor Unit,CPU)接收来自相关电子电器产品(外界环境因素的变化,如光照度的变化、温湿度的变化等)的讯息后,再以既定的程序发送适当的信息给其他电子电器产品。中央微处理机必须透过许多界面来控制家中的电器产品,这些界面可以是键盘,也可以是触摸式荧幕、按钮、电脑、电话机、遥控器等;消费者可发送信号至中央微处理机,或接收来自中央微处理机的讯号。

系统功能现状

随着科技日新月异的发展,"舒适、便利、节能、智能化"已成为住宅的建设理念,并越来越深入人心。舒适、节能、高智能住宅已经成为众多开发商以及高端业主高度关注的热点之一。整个系统中主要包括以下几种设备组成:

（1）家庭系统

家庭安全系统是家庭防火、防气和水漏泄、防盗的设施,它由传感器、家用计算机和相应的控制系统组成。传感器对周围的光线、温度和气味等参量进行检测,发现漏气、漏水、火情和偷盗等情况时立即将有关信息送给计算机,计算机根据提供的信息进行判断,采取相应的措施或报警。例如发生火情时,计算机可控制灭火器灭火,并通过电话机向主人或有关部门报告。

（2）自动控制

这种系统用于对空调器、收音机、电视机、音响装置、清洁器等电器的家庭自动化集中管理和自动控制,它由微型计算机和控制器组成。例如,它能控制空调系统,根据季节的变化自动调节室内的温度和湿度;使能源、照明和热水供应等设备最佳运行或使电子炉灶、清洁器定时完成做饭和清扫等工作。

如图:智能环境控制系统的主要应用方式。

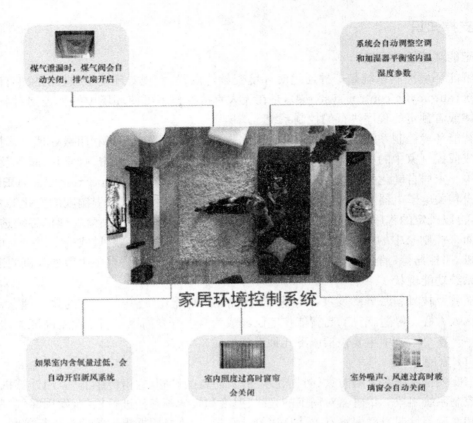

任务同步训练

智能灯光控制功能需求

在本系统的设计开发过程中主要实现了以下几种功能,包含无线智能开关功能和无线智能调光功能和人体红外控制功能。

本系统中我们抽取出在环境检测和控制系统中使用最多的两种应用方式。

1. 通过光照度实现对窗帘的自动控制

光照度智能控制窗帘功能:窗帘通过电机进行控制,电机控制器与 ZigBee 节点进行连接,ZigBee 节点通过控制继电器的开关量进行对电机控制器的控制。光照度传感器与 ZigBee 节点中 CC2530 单片机的 P1 口相连,组成光照度传感器节点。ZigBee 光照度传感器节点、ZigBee 窗帘控制节点和 ZigBee 协调器之间通过 ZigBee 无线通讯协议进行无线通讯组成 ZigBee 网络,ZigBee 协调器通过串口与中央控制系统进行通讯,在中央控制系统搭建人机交互界面(Qt)从而达到对整个系统的控制。

2. 通过温湿度实现对风扇的自动控制

温度智能控制风扇功能:风扇与 ZigBee 节点进行连接,ZigBee 节点通过控制继电器的开关量对风扇控制。温度传感器与 ZigBee 节点中 CC2530 单片机的 P1 口相连,组成温度传感器节点。ZigBee 温度传感器节点、ZigBee 风扇控制节点和 ZigBee 协调器之间通过 ZigBee 无线通讯协议进行无线通讯组成 ZigBee 网络，ZigBee 协调器通过串口与中央控制系统进行通讯，在中央控制系统搭建人机交互界面(Qt)从而达到对整个系统的控制。

软件功能分析

（1）构建出 ZigBee 无线网络

搭建 ZigBee 无线网络需要对 ZigBee 节点实现的功能进行需求分析，对其中需要的硬件资源进行了解，根据硬件资源搭建其需要的驱动程序，把驱动程序和其需要实现的功能加载到 Zigbee 协议栈的网络结构中，自己组建成 ZigBee 无线网络。

（2）通过人机交互界面对 ZigBee 数据进行检测和控制

嵌入式开发平台与 ZigBee 之间数据交互通过串口通讯协议进行通讯，然后通过人机交互界面(Qt)对串口通讯的数据进行数据挖掘并通过界面的形式显示出来。在通过人机交互界面对系统进行回环变量的设置，能够实现风扇和窗帘的自动控制。

任务同步训练

通过对智能环境控制系统的需求了解，完善智能灯光控制系统需求分析文档。

任务二　智能环境控制系统项目实施

任务引导训练

引导任务：

在通过对智能环境控制系统任务一的学习，在本系统中通过环境检测和控制系统中主要实现以下两种功能。① 通过检测环境中的光照度亮度变化情况对环境中的窗帘进行控制，在一个阀值区间内保证窗帘的打开和关闭；② 通过检测环境中的温湿度的变化情况对环境中的风扇进行开关控制。

训练任务分析：

为了实现上述任务，需要掌握以下知识：

（1）ZigBee 无线组网的原理和无线网络搭建。

（2）了解继电器对电机的通断控制。

（3）了解温湿度和光照度传感器工作原理。

支撑知识

1. 光敏电阻工作原理简介

本实验采用光敏电阻来采集光照度信息。它的工作原理是基于光电效应。在半导体光敏材料两端装上电极引线，将其封装在带有透明窗的管壳里就构成光敏电阻。为了增加灵敏度，两电极常做成梳状。构成光敏电阻的材料有金属的硫化物、硒化物、碲化物等半导体。半导体的导电能力取决于半导体导带内载流子数目的多少。当光敏电阻受到光照时,价带中的电子吸收光子能量后跃迁到导带,成为自由电子,同时产生空穴,电子-空穴对的出现使电阻率变小。光照愈强,光生电子-空穴对就越多,阻值就愈低。当光敏电阻两端加上电压后,流过光敏电阻的电流随光照增大而增大。入射光消失,电子-空穴对逐渐复合,电阻也逐渐恢复原值,电流也逐渐减小。如图3-1所示。

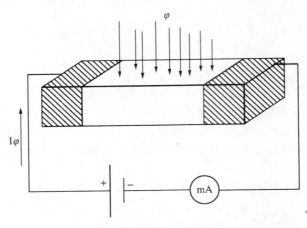

图 3-1　光照传感器原理

传感器实物

光照度传感器实物如图3-2所示。

图 3-2

2. **温湿度传感器 SHT10 简介**

SHT10 用于采集周围环境中的温度和湿度,其工作电压为 2.4～5.5 V,测湿精度为 ±4.5%RH,25℃时测温精度为±0.5℃。采用 SMD 贴片封装。

SHT10 测量原理

传感器 SHT10 既可以采集温度数据也可以采集湿度数据。它将模拟量转换为数字量输出，所以用户只需按照它提供的接口将温湿度数据读取出来即可。实物图如图 3-3 所示。温湿度传感器输出的模拟信号首先经放大器放大，然后 A/D 转换器将放大的模拟信号转换为数字信号，最后通过数据总线将数据提供给用户使用。其中校验存储器保障模数转换的准确度，CRC 发生器保障数据通信的安全。SCK 数据线负责处理器和 SHT10 的通讯同步；DATA 三态门用于数据的读取。

图 3-3　SHT10 温湿度传感器实物图

SHIT10 驱动电路原理图

本设计中 CC2530 的引脚 P0_0 用于 SCK，P0_6 用于 DATA，如图 3-4 所示。

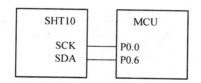

图 3-4　SHT10 引脚连接示意图

温湿度传感器初始化时序

SHT10 用一组"启动传输"时序来表示数据传输的初始化，如图 3-5 所示。

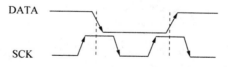

图 3-5　启动传输时序

当 SCK 时钟高电平时 DATA 翻转为低电平，紧接着 SCK 变为低电平，随后是在 SCK 时钟高电平时 DATA 翻转为高电平。

温湿度传感器写时序流程图
SHT10 命令集

SHT10 的命令长度为一个字节。高三位为地址位（目前只支持"000"），低五位为命令位，如表格 3-1 所示。

表 3-1　SHT10 命令集

命令	代码
预留	0000x
温度测量	00011
湿度测量	00101
读状态寄存器	00111
写状态寄存器	00110
预留	0101x～1110x
软复位、复位接口、清空状态寄存器即清空为默认值。（这条命令与下一条命令的时间间隔至少为 11 ms）	11110

SHT10 写时序

SHT10 采用两条串行线与处理器进行数据通信。SCK 数据线负责处理器和 SHT10 的通讯同步；DATA 三态门用于数据的读写。如图 3-6 所示。

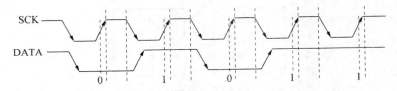

图 3-6　SHT10 读写时序图

DATA 在 SCK 时钟下降沿之后改变状态，并仅在 SCK 时钟上升沿有效。数据传输期间，在 SCK 时钟高电平时，DATA 必须保持稳定。

例如写温度测量命令时序如图 3-7 所示。

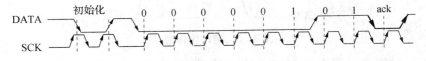

图 3-7　写湿度测量命令时序图

在写命令之前先要传输初始化时序，而后再从高位到低位将命令字写入 SHT10 中。如果写入成功，SHT10 向微控制器发送应答信号，如图中加粗线区域所示（即标注 ack 的地方）。

注：图中细线代表微控制器的操作，加粗线代表 SHT10 的操作。

SHT10 读时序

读时序如图 3-8 所示。

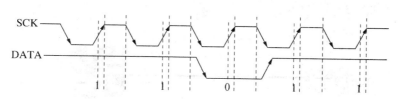

图 3-8　SHT10 读时序图

DATA 在 SCK 时钟下降沿之后改变状态，并仅在 SCK 时钟上升沿有效。数据传输期间，在 SCK 时钟高电平时，DATA 保持稳定。

例如读取温度数据，如图 3-9 所示。

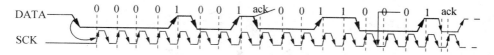

图 3-9　读湿度数据时序图

写入湿度测量命令成功后，SHT10 首先会发送一个应答信号（将数据线拉低），而后连续发出两个字节有效数据和一个字节 CRC，所以微控制器要在应答之后发送 Clock 如图中箭头所示。微控制器每接收到一个字节都要发给 SHT10 一个应答信号，而后 SHT10 才会发送下一个字节。

注：图中加粗线代表 SHT10 的操作，细线代表微控制器的操作。

传感器实物

温湿度传感器实物如图 3-10 所示，型号：SHT10。

图 3-10　温湿度传感器

风扇控制原理图

CC2530 接到控制风扇的命令之后通过通用 IO 口给驱动电路一个电平信号，这时候驱动电路就可以驱动电磁铁将衔铁吸合，使得衔铁与常开端连接，这时候风扇就可以转动了。

驱动电路如图 3-11 所示。

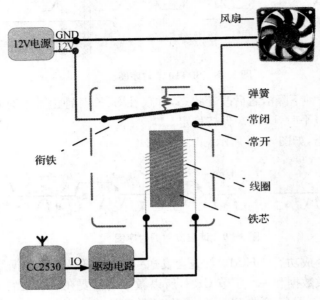

图 3-11 风扇控制结构图

窗帘控制原理图

电动卷帘有三个状态：正转打开窗帘，反转关闭窗帘，停止状态。对应的电机也有三种状态：正转，反转，停止。为了让电机能实现这三种状态，我们需要给电机配置两个继电器来控制其运转。

CC2530 接到控制窗帘的命令之后通过通用 IO 口给驱动电路一个电平信号，这时候驱动电路就可以驱动电磁铁将衔铁吸合，使得衔铁与常开端连接，从而控制继电器的通断。

继电器控制电机正反转状态如表 3-2 所示。

表 3-2 继电器状态与窗帘状态表

继电器1	继电器2	窗帘状态
关闭	关闭	停止运动
打开	关闭	向上运动
关闭	打开	向下运动
打开	打开	出错（这种状态是禁止的）

窗帘电机控制结构图

继电器与窗帘的运动状态请参考表格 3-2。图 3-12 为其控制器内部控制结构。

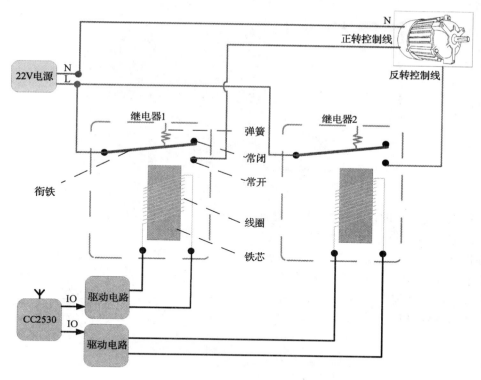

图 3-12 窗帘电机控制结构图

任务同步训练

任务描述

通过对任务的需求认知和理论学习之后,接下来需要对整个系统进行组建,对系统的组建需要做以下训练:

(1) 对整个系统的硬件进行认知分析组装。

(2) 通过对环境控制原理认知搭建环境控制系。

1. 硬件认知

光照度智能控制窗帘

如图 3-13 所示,由电机控制器、ZigBee 节点和窗帘组成智能电动窗帘;如图 3-14 所示由光照度传感器、ZigBee 节点组成无线光照度传感器节点。

图 3-13 电动窗帘硬件图

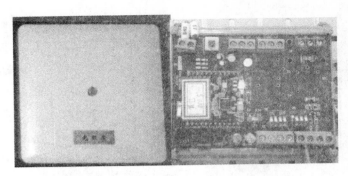

图 3-14 光照度节点硬件图

窗帘通过电机进行控制,电机控制器与 ZigBee 节点进行连接,ZigBee 节点通过控制继电器的开关量进行对电机控制器的控制。光照度传感器与 ZigBee 节点中 CC2530 单片机的 P1 口相连,组成光照度传感器节点。ZigBee 光照度传感器节点、ZigBee 窗帘控制节点和 ZigBee 协调器之间通过 ZigBee 无线通讯协议进行无线通讯组成 ZigBee 网络,ZigBee 协调器通过串口与中央控制系统进行通讯,在中央控制系统搭建人机交互界面(Qt)从而达到对整个系统的控制。控制方式如图 3-15 所示。

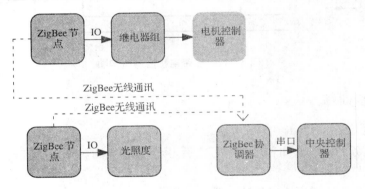

图 3-15

温度智能控制风扇功能

如图 3-16 所示,由 ZigBee 节点和风扇组成智能风扇;如图 3-17 所示由温湿度照度传感器、ZigBee 节点组成无线温湿度传感器节点。

图 3-16 ZigBee 无线风扇

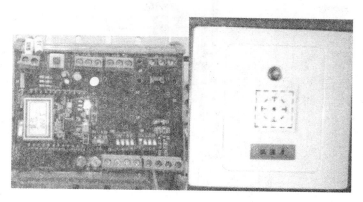

图 3-17 温湿度节点

风扇与 ZigBee 节点进行连接,ZigBee 节点通过控制继电器的开关量对风扇控制。温度传感器与 ZigBee 节点中 CC2530 单片机的 P1 口相连,组成温度传感器节点。ZigBee 温度传感器节点、ZigBee 风扇控制节点和 ZigBee 协调器之间通过 ZigBee 无线通讯协议进行无线通讯组成 ZigBee 网络,ZigBee 协调器通过串口与中央控制系统进行通讯,在中央控制系统搭建人机交互界面(Qt)从而达到对整个系统的控制。

(1) 安装 ZigBee 光照度控制节点。连接方式:先把 ZigBee 节点和光照度传感器安装到网孔架上,通过标准 485 接口让人体红外的 VCC、GND、P0 口和 CC2530 节点进行供电和通讯,连接方式如图 3-18。

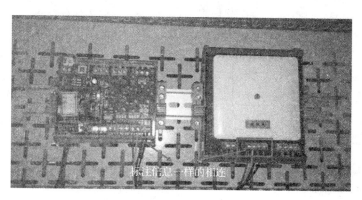

图 3-18 光照度硬件连接图

(2) 安装 ZigBee 温湿度控制节点。连接方式:先把 ZigBee 节点和温湿度传感器安装到网孔架上,通过标准 485 接口让人体红外的 VCC、GND、P0 口和 CC2530 节点进行供电和通讯,连接方式如图 3-19。

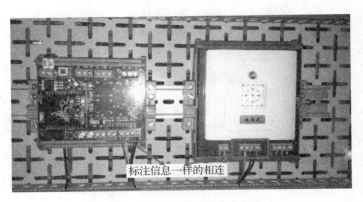

图 3-19　温湿度硬件连接图

（3）风扇控制系统接入。连接方式：先把 ZigBee 节点和风扇安装到网孔架上，从接线端子 5(+12 V)引出的正极和 ZigBee 节点继电器模块的输入端相连，继电器模块输出端和风扇的正极相连接，从接线端子 4(GND)引出的负极和风扇的负极相连接。如图 3-20。

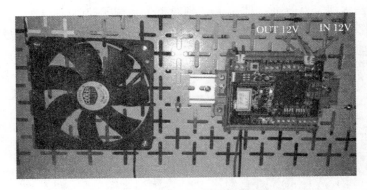

图 3-20　智能风扇硬件连接图

（4）窗帘控制器和窗帘的接入。连接方式：先把 ZigBee 节点、窗帘控制器和带电机的窗帘安装到网孔架上，从接线端子 1 引出火线和窗帘控制器背面的 L 相连，从接线端子 2 引出零线线和窗帘控制器背面的 N 相连；从电机窗帘中引出来的三条线中蓝色的线和窗帘控制器背面中间节点端子中的 N 相连，黑色的和左边 M 相连褐色的和右边 M 相连，用来控制电机的正转和反转；在左边的三个接线端子中引出来三条线其中，中间的绿线与 ZigBee 节点上方的 485 接口中的 Com 标记的接口相连，并且用绿线让两个一样的接口进行并联，右边红线的于 ZigBee 节点中的左边的 OP 接口相连，左边黑线的于 ZigBee 节点中的右边的 OP 接口相连。接线方式如图 3-21。

项目三　智能环境控制系统开发

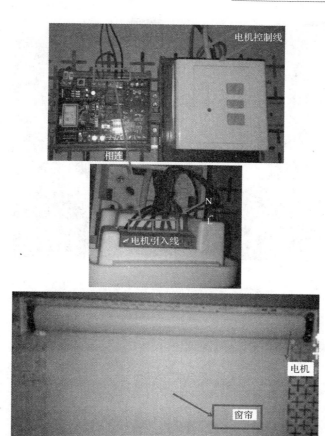

图 3-21　窗帘硬件连接图

（5）ZigBee 节点、中央控制系统协调器供电接线。连接方式：从开关电源 2（220 转 5 V）输出端引出正极与接线端子 3 一端相连，从接线端子 3 另一端引出 6 根线分别于 ZigBee 光照度节点、ZigBee 温湿度节点、ZigBee 窗帘控制节点、ZigBee 风扇控制节点、ZigBee 协调器、中央控制器的正极相连；从开关电源 2（220 转 5 V）输出端引出负极与接线端子 3 一端相连从接线端子 3 另一端引出 6 根线分别于 ZigBee 人体红外节点、3 个 ZigBee 灯光控制节点、ZigBee 协调器、中央控制器的负极相连。如图 3-22 所示。

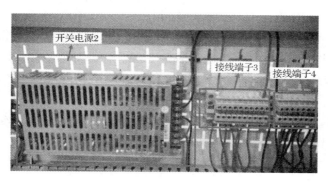

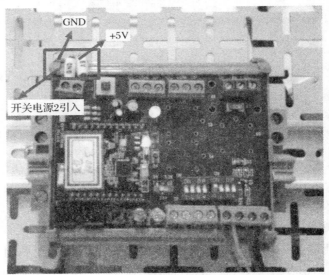

图 3-22 供电连接图

2. 实现环境控制系统

具体开发环境搭建看,项目一智能灯光控制系统的设计开发。

其中 ZigBee 节点下载代码如上所示其中 ZigBee 协调器下载 Coordinator_Exp. hex、ZigBee 温湿度光照度节点下载 EDevSensor_Emu. hex、窗帘控制、风扇控制节点下载 EDevExecuteB_Emu. hex 代码。

软件调试

所有软件下载完成后,对系统硬件供电,供电之后查看网关上,进入控制界面可以看到温湿度,光照度相对应的数据,说明他们网关和这两个传感器之间已经正常通讯,如图 3-23 所示。

项目三 智能环境控制系统开发

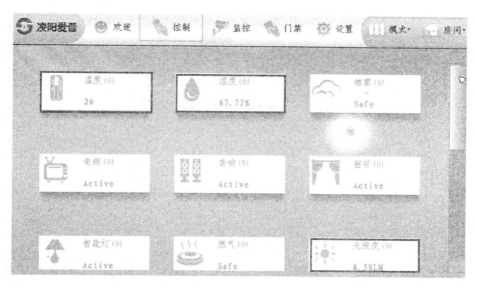

图 3-23 控制界面

打开风扇窗口,在里面点击"开""关"按钮,观察风扇现象,风扇有现象,说明加载成功,如图 3-24 所示。

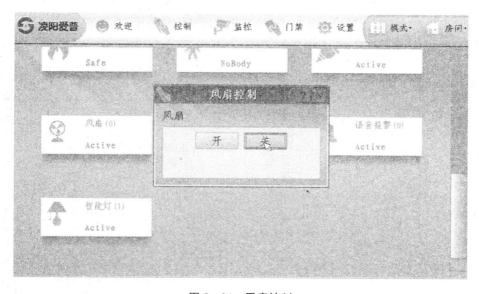

图 3-24 风扇控制

打开窗帘窗口,在里面点击"打开"、"关闭"、"暂停"按钮,观察窗帘现象,窗帘有现象,说明加载成功,如图 3-25 所示。

图 3-25 窗帘控制

通过上面测试,所有节点已经加载进来,接下来我们要通过闭环控制根据光照度的变化打开和关闭窗帘、通过温度的高低来自动开关风扇,具体操作如下。

点击"设置"按钮,如图 3-26 所示,进入之后选择"开发用户",密码为"111111",点击"确认"进入界面,如图 3-27 所示。

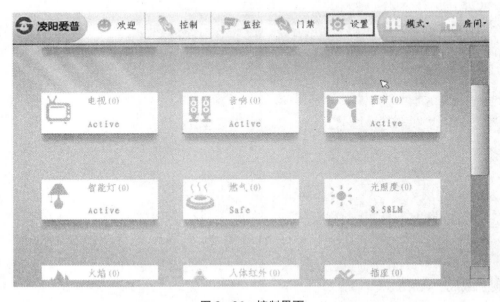

图 3-26 控制界面

项目三 智能环境控制系统开发

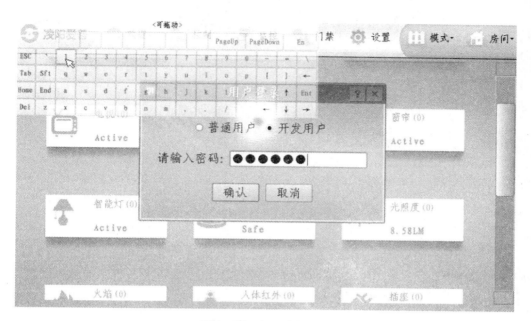

图 3-27 密码登录界面

进入之后,如图 3-28 所示,选择进入"节点管理"界面,在节点管理中点击右下角"设置"图标,如图 3-29 所示。

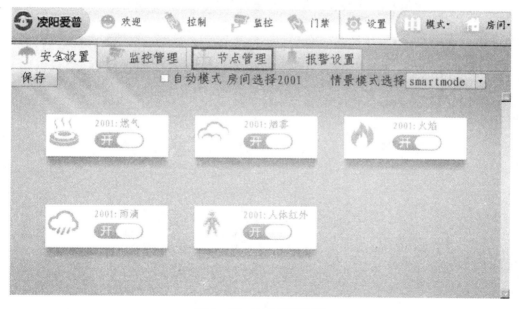

图 3-28 安全设置界面

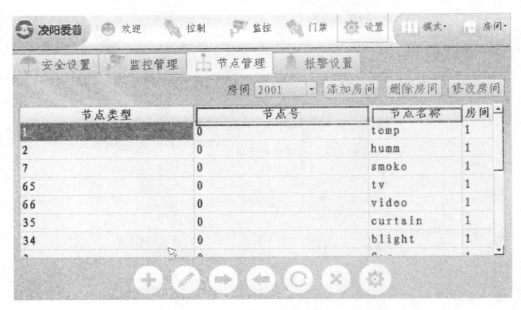

图 3-29　节点管理界面

进入"回环控制"界面，点击"添加规则"按钮，如图 3-30 所示。

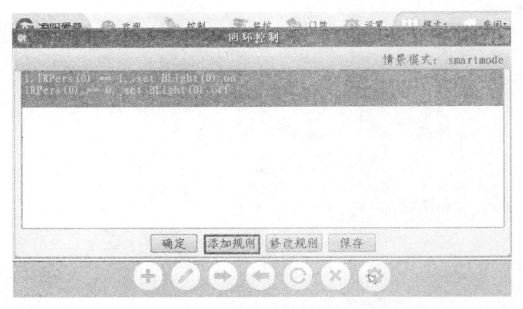

图 3-30　回环控制界面

进入"添加规则"界面，如图 3-31 所示。

图 3-31 添加规则界面

进入界面之后在"触发"框中选择需要触发的传感器,下面设置被触发的临界值,右面节点号,根据"节点管理"界面节点号中的值进行设置。"动作"框中选择被控制的设备,下面的节点号,根据"节点管理"界面节点号中的值进行设置,右边的"动作"根据实际情况自行设置,设置好之后点击"添加"按钮进行添加。如图 3-32 所示。

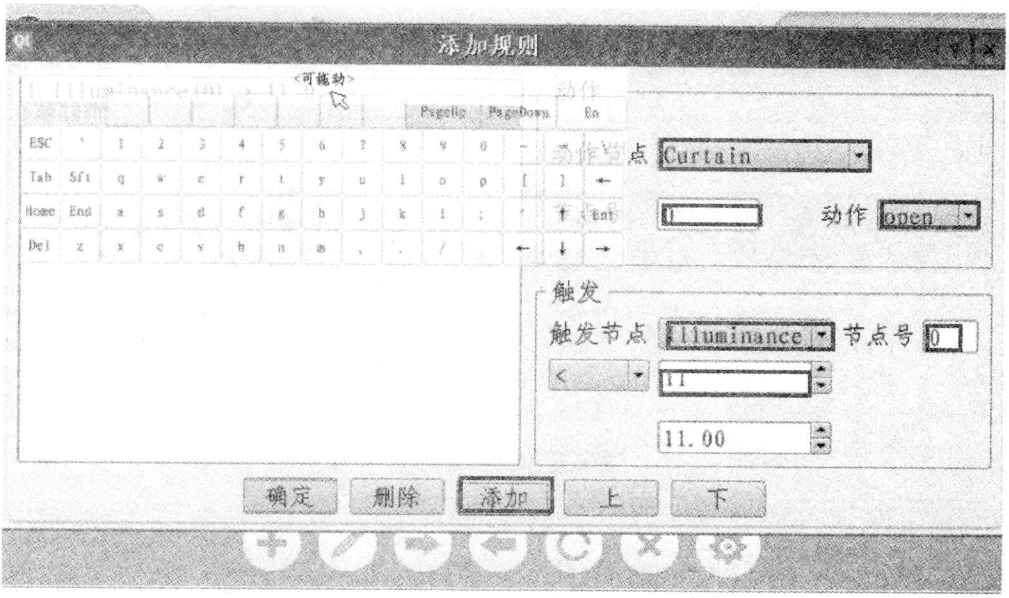

图 3-32 添加界面

注意:添加过程中,一定要设置回环变量,当设置光照度大于 20 时控制"窗帘"打开,那么就一定要设置光照度小于 20 的时候"窗帘"关闭。如图 3-33 所示。

图 3-33 规则添加

点击"确认"按钮回到"回环控制"界面,这时可以看到回环设置已经添加成功,点击"确认"退出。如图 3-34 所示。

图 3-34 规则确认界面

加载后,点击"保存"按钮,这时会有情景模式选择,根据自己信息家电的需要进行选择。如图 3-35 所示。

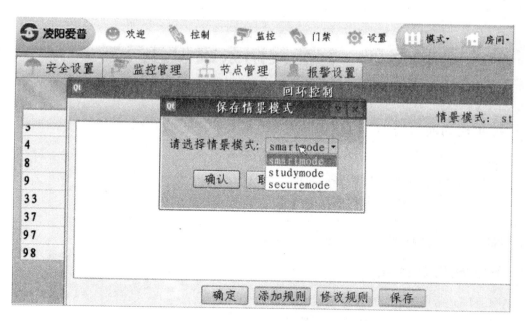

图 3-35 规则保存界面

在进入"安全设置"里面,对"自动模式进行勾选",这时通过手电照光照度传感器,观察窗帘的变化。同样的方式设置通过设置温度值对风扇进行控制。

自主学习任务

根据对目前提出来的两种通过环境变量对环境内的窗帘和风扇控制的认识,根据现实中的光照度变化和温湿度情况自己设备回环控制实现对风扇和窗帘的控制。

每次课程意见反馈表(建议 5 分钟)

日期:　　　　年　　月　　日

我喜欢的:☺
我不喜欢的:☹
我不理解的:❓

项目四　智能安防系统设计开发

拟实现的能力目标

N4.1　能够了解光照度传感器原理
N4.2　能够了解温湿度传感器原理
N4.3　能够搭建出智能环境控制原理
N4.4　能够了解电机的控制原理
N4.5　能够了解回环控制原理

须掌握的知识内容

Z4.1　光敏电阻工作原理
Z4.2　温湿度传感器 SHT10 工作原理
Z4.3　电动窗帘控制原理
Z4.4　回环控制操作

任务一　智能安防系统需求分析

任务情景

北京凌阳爱普科技有限公司受江苏经贸职业技术学院委托,开发一个信息家电实训仿真平台。北京凌阳爱普科技有限公司组成了完成此项目的项目开发小组。作为本项目的产品经理,现在需要与江苏经贸职业技术学院物联网专业的相关老师确定此实训平台的主要功能需求,撰写相关的系统需求文档。

根据用户需求,信息家电实训仿真平台需要实现智能灯光控制系统、门禁控制系统、智能环境控制系统、智能安防系统、智能监控系统等功能。本任务中,要求对智能安防系统进行需求分析,撰写相关的系统需求文档。

任务分析

要了解智能灯光控制系统的主要功能需求,需要解决以下问题:
(1) 什么是智能安防?
(2) 智能安防系统功能有哪些?
(3) 本系统的智能安防系统功能有哪些?
(4) 本系统与实际的智能安防系统的差异?

支撑知识

智能安防系统

随着国民经济的不断发展,人民生活水平在不断地提高;科学的发展和技术的进步,也让人民的生活观念发生了前所未有的变化。在如今这样一个电子化、信息化高速发展的时代,层出不穷的现代高科技产品,逐步走进了千家万户,给人们带来了在过去的时代无法想象的便利。但是,在高科技产品不断地应用在不计其数的家庭中的同时,随之而来的各种不安全因素也伴随着这些高科技产品进入了这些家庭,比如热水器、煤气灶以及其他一些大功率电器的使用,都会使得火灾、触电、煤气泄漏导致中毒,甚至爆炸的发生成为可能;同时由于各个城市和地区的一些不法分子的存在,这些都给人们的正常生活造成了严重干扰。现如今,人们需要的不仅仅是生活便利的住宅,更需要的是一个能够给人安全感的生活空间。因此,在现代化的智能小区和家庭中,家庭安防监控系统作为其重要组成部分,其研究意义就不言而喻了。

在家庭和小区的内部引入智能化的安防系统,可以让人们的生命和财产的安全得到更可靠的保障。一般的家居安防系统主要由安全对讲系统、防盗报警系统、防火灾报警系统和防煤气泄漏报警系统等组成,它可以作为一种可靠且有效的方式让普通小区能够避免外界侵入和自然因素引起的灾害。这些年随着微电子技术、计算机技术、无线通信技术、网络技术和控制技术等的发展,为智能小区和家居安防系统的发展提供了很好的技术基础,其功能也变愈加丰富和完善,因此必须确保它的稳定性和可靠性,且其应该具有易操作性。稳定性和可靠性是指有异常情况发生的时候,一定能够产生报警,而没有异常情况发生的时候,也不会产生误报。系统具有易操作性是指用户可以简单、快捷和方便地对家庭内部的一些存在重要安全隐患的关键点做相应的撤销、布置和防范等具体操作。

系统功能现状

(1) 国外的发展现状

自从世界上真正意义上的第一幢智能建筑于 1984 年在美国诞生以后,紧接着美国、加拿大、欧洲、澳大利亚和东南亚的一些比较发达的国家都陆续推出了各式各样的家居安防的方案,并且在很多国家和地区都有比较普遍的应用。

美国家居安防行业的一家名为 PARKS 的专业咨询机构,在对其本国的情况做了大量的统计之后,其数据给我们提供了这样一些具体信息:上世纪九十年代中期,该国的一个普通用户如果安装一套家庭式的智能化系统,其整体的成本大约在七千至九千美元之间,但最近几年其成本费用已经大大地降低,并且在今后的四到五年内,家庭智能化行业的市场增长率,平均每年将可达到百分之八左右。由于家居安防的良好前景和巨大市场,国外的多家大中型公司都已经开始着手相关的准备工作,以便在抢占家居安防市场的时候能够领先。

在如今这样一个互联网经济日益繁荣的时代,小区和家庭智能化的安防建设已经受到越来越多的重视,国外有很多家企业已经在该行业里站得一席之地,比如微软公司投资了一家 Itran 公司,该公司是专门做家居安防和家庭智能化方面的研发。IBM 公司则选择与建筑开发商合作,为用户提供带有安防系统的智能化住宅解决方案,为众多小区和家庭提供全面的小区和家庭的安全防护和信息服务。现在,国外的家居安防行业已经处在一个飞速发展的时期。

(2) 国内的发展现状

通过多年的大力概念推广、普及和发展,智能家居在国内已经逐步为人们所认可并且接受。从上世纪的九八年智能家居这一新的概念在国内被推出开始,同时也经过媒体的大力宣传和热炒,大家已经对其有了一定程度的认识,但一直没有相关的真正适合国内市场的产品,所以其实际的应用并没有得到有效的推广和普及,出乎意料的是作为智能家居的核心组成部分的家居安防以及小区安防倒是得到了快速的发展,并且是通过在智能防范小区中嵌入智能防范家居的技术表现形式,而受到国内市场的普遍青睐,并且其在市场上也表现出相当的市场竞争力。

目前,家居安防系统已经成为民居设施建设中的一项极其受欢迎的产品,它也越来越多地被应用于各种各样的家庭和小区了。而且,这些安防系统的使用让人们真正地体验到生活在时代最前端的快乐与便捷。

(3) 家居安防的发展趋势

家居安防行业在近两年已经得到了飞速的发展,越来越多的智能住宅和智能小区等都是在这种形势下形成的。现在家居安防系统开始得到了众多开发商和消费者的青睐,而可接入因特网的基于嵌入式技术和无线传感网络的家居安防系统已经成为未来的家居安防系统发展的一大趋势,因为它不仅提供统一的标准化接口以及基于无线的网络连接机制,而且还可以实现专门应用于嵌入式设备的网络协议,这样系统就不必再依赖于传统的 PC 机,从而使得家居安防行业进入了嵌入式时代。

到目前为止,已经陆续出现了各种不同的用于家庭设备互连的无线通信协议标准,这些标准促使家居安防行业控制系统朝着网络无线化的方向发展,并且其接口也朝着国际统一的标准化方向发展,通过无线的方式实现设备的相互连接,不仅给人们的生活带来了更多的方便,也让系统具备了良好的移动性能,而遵循国际统一标准的无线通信接口,也使得众多厂家的产品能够相互兼容;现在各种不同的无线通信技术正迅猛发展,从先前的广域网到后来的基于 IEEE 802.11 系列的无线局域网、基于蓝牙的无线个域网、再到后来的基于 ZigBee 的低速无线个域网等,这些新型无线通信技术的陆续出现,也给家居安防系统的设计带来了一种有别于传统家居安防系统设计的新理念,将家庭内部的家用电器、各种传感器以及各式各样的数字设备进行无线方式的互联,将会在不远的将来成为活生生的现实;而嵌入式技术的出现,使得未来家居安防的发展彻底摆脱了对传统 PC 机的依赖,生产厂家将能够以更低的成本来开发家居安防系统的主控系统部分,并且其各种设备和主控系统都能够在功耗极低的状态下运行,这使得整个系统的运行成本得到有效的降低。

无线家居安防控制系统也能够让以前的有线系统得到大幅度的拓展,让整个系统的设计更加具有灵活性,让人们能够生活在真正无线的方便且舒适的家庭环境中。基于上述各种原因,本课题采用 ZigBee 技术实现家庭内部网络拓扑的无线家居安防系统的设计方案,该方案不仅克服了传统家庭网络采用有线的方式进行布线组网的困难,而且系统安装简单,性能稳定可靠,维护方便。

任务同步训练

智能安防控制功能需求

本系统开发过程中主要是为了实现通过检测传感器数据,根据传感器数据的变化进行实时的语音报警。

无线语音报警功能:整套系统包含两个部分:网关和 ZigBee 网络。网关负责提供人机对话的人机界面,ZigBee 网络负责执行来自网关的命令,网关与 ZigBee 网络之间通过串口(UART)相连,这样就使得网关和 ZigBee 网络形成一个整体。在 ZigBee 网络中包含六个节点:协调器,智能火焰探测节点,智能人体红外探测节点,智能燃气探测节点,智能烟雾探测节点,智能语音报警节点。协调器的主要任务有两个,第一负责组建和管理 ZigBee 网络,第二负责网关与节点的数据交换。智能火焰探测节点主要负责监测家居环境中的明火。智能人体探测节点主要负责监测家居环境中的人员信息。智能燃气探测节点主要负责监测家居环境中的可燃气体。智能烟雾探测节点主要负责监测家居环境中的烟雾成分。智能语音报警控制节点主要负责发出语音报警信息。

任务同步训练

通过对智能安防系统的需求了解,完善智能安防系统需求分析文档。

任务二 智能安防系统项目实施

任务引导训练

引导任务:

在信息家电系统中有很多环境检测传感器,包括烟雾、燃气、火焰、人体红外传感器等,这些传感器接收到环境中的数据之后会有一个信息反馈给中控系统,在中控系统中会对信息进行判定,判定为危险信息后会把数据发送给无线语音报警模块,无线语音报警模块会对信息进行语音报警。

训练任务分析:

为了实现上述任务,需要掌握以下知识:
(1) 了解烟雾、火焰、燃气、人体红外传感器工作原理。
(2) ZigBee 无线组网的原理和无线网络搭建。
(3) 了解语音报警传感器功能特性和报警原理。

支撑知识

1. 火焰传感器原理

火焰传感器通过目标与背景的温差来探测目标,其工作原理是利用热释电效应,即在钛酸钡一类晶体的上、下表面设置电极,在上表面覆以黑色膜,若有红外线间歇地照射,其表面温度上升。其晶体内部的原子排列将产生变化,引起自发极化电荷,在上下电极之间产生电压。火焰传感器内部有光学滤镜、场效应管、红外感应源、偏置电阻等器件组成。光学滤镜的主要作用是只允许火焰的红外线通过,而将其他辐射滤掉,以抑制外界干扰。工作原理如图 4-1 所示。

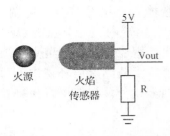

图 4-1 火焰传感器工作原理图

当检测到火源时,Vout 端口有电压输出,输出电压值与距离(火焰与传感器之间的距离)呈负相关。

火焰传感器实物如图 4-2 所示。

图 4-2 火焰传感器实物

2. 气体传感器简介

气体传感器是气体检测系统的核心,通常安装在探测头内。从本质上讲,气体传感器是一种将某种气体体积分数转化成对应电信号的转换器。探测头通过气体传感器对气体样品进行调理,通常包括滤除杂质和干扰气体、干燥或制冷处理、样品抽吸,甚至对样品进行化学处理,以便化学传感器进行更快速的测量。

气体传感器分类及在本实验中的应用

气体传感器通常以气敏特性来分类,主要可分为:半导体型气体传感器、电化学型气体传感器、固体电解质气体传感器、接触燃烧式气体传感器、光化学型气体传感器、高分子气体传感器等。半导体气体传感器是采用金属氧化物或金属半导体氧化物材料做成的元件,与气体相互作用时产生表面吸附或反应,引起以载流子运动为特征的电导率或伏安特性或表面电位变化。这些都是由材料的半导体性质决定的。如图4-3所示。

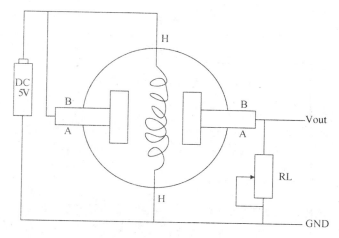

图4-3 气体传感器原理图

根据其气敏机制可以分为电阻式和非电阻式两种。本实验采用的是电阻式半导体气体传感器主要是指半导体金属氧化物陶瓷气体传感器,是一种用金属氧化物薄膜(例如:SnO_2,ZnO Fe_2O_3,TiO_2等)制成的阻抗器件,其电阻随着气体含量不同而变化。气味分子在薄膜表面进行还原反应以引起传感器传导率的变化。为了消除气味分子还必须发生一次氧化反应。传感器内的加热器有助于氧化反应进程。它具有成本低廉、制造简单、灵敏度高、响应速度快、寿命长、对湿度敏感低和电路简单等优点。

气体传感器MQ-6灵敏度特性

灵敏度特性如表格4-1所示。

表格4-1 MQ-6灵敏度特性

符号	参数名称	技术参数	备注
Rs	敏感体电阻	10~60 kΩ	
α (1 000ppm/4 000PPMLNG)	浓度斜率	≤0.6	探测范围:100~1 000ppm 检测目标:LPG、丁烷、丙烷、LNG
标准工作条件	温度:20℃±2℃　Vc:5.0V±0.1V 相对湿度:65%±5%　Vh:5.0V±0.1V		
预热时间	不少于24小时		

电路连接

电路连接如图 4-4 所示。

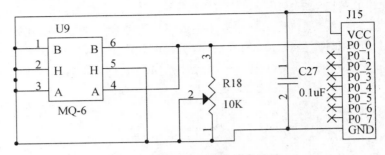

图 4-4　气体传感器电路连接图

当检测到气体时,气体传感器 MQ-6 的电导率会发生变化,通过调节滑动电阻器(R18)的阻值调配适当的输出电压,以便单片机检测输出信号,做出相应的判断。

上图为传感器模组与单片机的接口。传感器的 6 引脚为输出引脚,C27 为滤波电容。

3. 烟雾传感器 MQ-2 简介

MQ-2 是一种电阻控制型的气敏器件,其阻值随被测气体的浓度(成分)而变化,气敏器件又是一种"气——电"传感器件,它将被测气体的浓度(成分)信号转变成相应的电信号。原理图如图 4-5 所示。

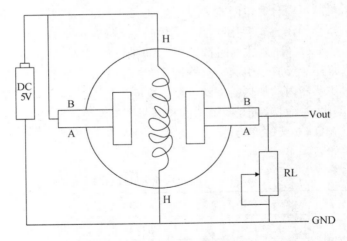

图 4-5　MQ-2 传感器原理图

气敏器件一般都是在加热条件下工作,但工作温度不宜太高(一般不要超过 35℃),否则会造成性能衰减,降低器件灵敏度。器件放置一段时间后,再通电使用时,阻值是先下降,然后上升。器件的响应时间约为 10 秒,恢复时间约为 30~60 秒。使用气敏器件要避免油浸或油垢污染,更不要将气敏器件长时间放在腐蚀气体中。长时间使用时,要有防止灰尘堵塞不锈钢网的措施。

MQ-2 灵敏度特性

表格 4-2 MQ-2 灵敏度特性

适用气体	可燃气体(液化气、丁烷、甲烷等)、烟雾
探测范围	300～10 000 ppm
特征气体	1 000 ppm 异丁烷
灵敏度	$R \geqslant 5\ \Omega$(在空气或特征气体中)
敏感体电阻	1～20 kΩ(在 50 ppm 甲苯中)
响应时间	$\leqslant 10$ s
恢复时间	$\leqslant 30$ s
加热电阻	31 $\Omega \pm 3\ \Omega$
加热电流	$\leqslant 180$ mA
加热电压	5.0 V± 0.2 V
加热功率	$\leqslant 900$ mW
测量电压	$\leqslant 24$ V
工作条件	环境温度：-20℃～$+55$℃ 环境湿度：$\leqslant 95\%$RH
贮存条件	温度：-20℃～$+70$℃ 湿度：$\leqslant 70\%$RH

电路原理图

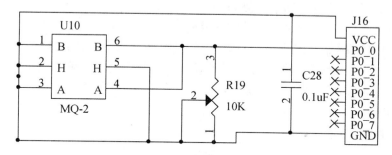

图 4-6 烟雾传感器电路连接图

当检测到烟雾时，烟雾传感器 MQ-2 的电导率会发生变化，通过调节滑动电阻器(R19)的阻值调配适当的输出电压，以便单片机检测输出信号，做出相应的判断。图 4-6 为传感器模组与单片机的接口。传感器的 6 引脚为输出引脚，C28 为滤波电容。

4. 热释电传感器

普通人体会发射 10 um 左右的特定波长红外线，用专门设计的传感器就可以针对性的检测这种红外线的存在与否，当人体红外线照射到传感器上后，因热释电效应将向外释放电荷,后续电路经检测处理后就能产生控制信号。这种专门设计的探头只对波长为 10 μm 左右的红外辐射敏感,所以除人体以外的其他物体不会引发探头动作。探头内包含两个互相串联或并联的热释电元,而且制成的两个电极化方向正好相反,环境背景辐射对两个热释元件几乎具有相同的作用,使其产生释电效应相互抵消,于是探测器无信号输出。一旦人侵入探测区域内,人体红外辐射通过部分镜面聚焦,并被热释电元接收,但是两片热释电元接收到的热量不同,热释电也不同,不能抵消,于是输出检测信号。如图 4-7 所示。

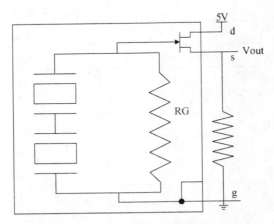

图 4-7　热释红外传感器工作原理

为了增强敏感性并降低白光干扰,通常在探头的辐射照面覆盖有特殊的菲尼尔滤光透镜,菲尼尔滤光片根据性能要求不同,具有不同的焦距(感应距离),从而产生不同的监控视场,视场越多,控制越严密。传感器的光谱范围为 1～10 μm,中心为 6 μm,均处于红外波段,是由装在 TO-5 型金属外壳的硅窗的光学特性所决定。

热释电红外传感器不但适用于防盗报警场所,亦适于对人体伤害极为严重的高压电及 X 射线、γ 射线工业无损检测。本实验所使用的热释电传感器输出信号为高低电平,当检测到人时输出高电平,否则输出低电平。

传感器实物

人体红外传感器实物如图 4-8 所示。

图 4-8　人体热释红外传感器实物

电路连接

热释电(人体红外)传感器模块的接口电路设计如图 4-9 所示。

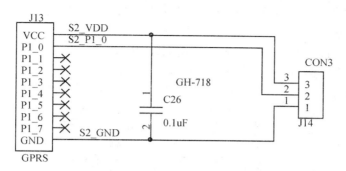

图 4-9 热释红外传感器电路连接图

图中 J13 为传感器模组与 CC2530 单片机的 P1 口相连，J14 与传感器的接口相连；C26 为滤波电容，传感器工作电压为 5 V，"2"引脚为信号输出端。

本实验采用凌阳 SPCE061A 单片机实现语音传感器的功能，即用 SPCE061A 单片机来播报报警信息，然后通过串口方式发送语音标志。

5. SPCE061A 简介

SPCE061A 是继 u'nSP™ 系列产品 SPCE500A 等之后凌阳科技推出的又一款 16 位结构的微控制器。SPCE061A 里内嵌 64K 字节的闪存(FLASH)。较高的处理速度使 m'nSP™ 能够非常容易地、快速地处理复杂的数字信号。因此，以 u'nSP™ 为核心的 SPCE061A 微控制器是适用于数字语音识别应用领域产品的一种最经济的选择。

SPCE061A 的性能

16 位 u'nSP™ 微处理器；

工作电压(CPU) VDD 为 2.4～3.6V (I/O)，VDDH 为 2.4～5.5 V；

CPU 时钟：0.32～49.152MHz；

内置 2KB SRAM；

内置 32KB FLASH；

可编程音频处理；

晶体振荡器；

系统处于备用状态下(时钟处于停止状态)，耗电仅为 2mA@3.6V；

2 个 16 位可编程定时器/计数器(可自动预置初始计数值)；

2 个 10 位 DAC(数-模转换)输出通道；

32 位通用可编程输入/输出端口；

14 个中断源可来自定时器 A/B，时基，2 个外部时钟源输入，一键唤醒；

具备触键唤醒的功能；

使用凌阳音频编码 SACM_S240 方式(2.4 Kb/s)，能容纳 210 秒的语音数据；

锁相环 PLL 振荡器提供系统时钟信号；

32768Hz 实时时钟；

7 通道 10 位电压模-数转换器（ADC）和单通道声音模-数转换器；

声音模-数转换器输入通道内置麦克风放大器和自动增益控制（AGC）功能；

具备串行设备接口；

具有低电压复位（LVR）功能和低电压监测（LVD）功能；

内置在线仿真电路 ICE(In-Circuit Emulator)接口；

具有保密能力；

具有 WatchDog 功能。

SPCE061A 的结构如图 4-10 所示。

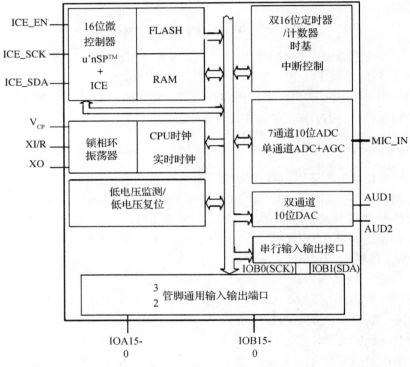

图 4-10 SPCE061A 内部结构

硬件连接图

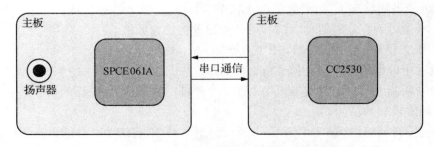

图 4-11 语音报警模块与 CC2530 连接图

语音报警模块出厂时预先存入了相应的报警信息。CC2530 模块接收到相应的报警信息之后会通过串口向语音报警模块发送不通的报警指令,通过不同的指令来控制语音报警模块发出不同的报警信息,从而实现语音报警功能。

6. 硬件认知

无线语音报警功能

图 4-12 硬件图

整套系统包含两个部分:网关和 ZigBee 网络。网关负责提供人机对话的人机界面,ZigBee 网络负责执行来自网关的命令,网关与 ZigBee 网络之间通过串口(UART)相连,这样就使得网关和 ZigBee 网络形成一个整体。在 ZigBee 网络中包含六个节点:协调器,智能火焰探测节点,智能人体红外探测节点,智能燃气探测节点,智能烟雾探测节点,智能语音报警节点。协调器的主要任务有两个,第一负责组建和管理 ZigBee 网络,第二负责网关与节点的数据交换。智能火焰探测节点主要负责监测家居环境中的明火。智能人体探测节点主要负责监测家居环境中的人员信息。智能燃气探测节点主要负责监测家居环境中的可燃气体。智能烟雾探测节点主要负责监测家居环境中的烟雾成分。智能语音报警控制节点主要负责发出语音报警信息。

任务同步训练

任务描述

通过对任务的需求认知和理论学习之后,接下来需要对整个系统进行组建,对系统的组建需要做以下训练:

(1)对整个系统的硬件进行认知分析组装。

(2)通过对安防功能的认知搭建安防控制环境。

1. 硬件认知

无线语音报警功能

图 4-12　硬件图

整套系统包含两个部分：网关和 ZigBee 网络。网关负责提供人机对话的人机界面，ZigBee 网络负责执行来自网关的命令，网关与 ZigBee 网络之间通过串口（UART）相连，这样就使得网关和 ZigBee 网络形成一个整体。在 ZigBee 网络中包含六个节点：协调器，智能火焰探测节点，智能人体红外探测节点，智能燃气探测节点，智能烟雾探测节点，智能语音报警节点。协调器的主要任务有两个，第一负责组建和管理 ZigBee 网络，第二负责网关与节点的数据交换。智能火焰探测节点主要负责监测家居环境中的明火。智能人体探测节点主要负责监测家居环境中的人员信息。智能燃气探测节点主要负责监测家居环境中的可燃气体。智能烟雾探测节点主要负责监测家居环境中的烟雾成分。智能语音报警控制节点主要负责发出语音报警信息。

（1）安装 ZigBee 火焰探测节点。连接方式：先把 ZigBee 节点和火焰传感器安装到网孔架上，通过标准 485 接口让火焰传感器的 VCC、GND、P0 口和 CC2530 节点进行供电和通讯，连接方式如图 4-13 所示：

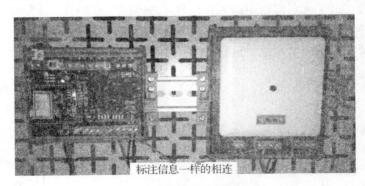

图 4-13　火焰硬件连接图

（2）安装 ZigBee 人体红外探测节点。连接方式：先把 ZigBee 节点和人体红外传感器安装到网孔架上，通过标准 485 接口让人体红外的 VCC、GND、P0 口和 CC2530 节点进行供电和通讯,连接方式如4-14所示。

图4-14 人体红外硬件连接图

（3）安装ZigBee燃气探测节点。连接方式：先把ZigBee节点和燃气传感器安装到网孔架上,从开关电源1(220转12 V)输出端引出正极与接线端子5一端相连从接线端子5另一端引出1根线跟燃气传感器的正极相连,从开关电源2(220转12 V)输出端引出负极与接线端子4一端相连从接线端子4另一端引出1根线与燃气传感器的负极相连。通过标准485接口让燃气的p0.0和p1.3与CC2530节点进行供电和通讯,连接方式如图4-15所示。

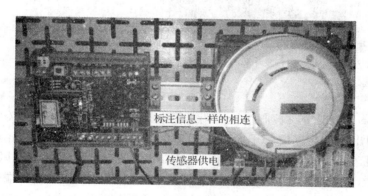

图4-15 燃气硬件连接图

（4）安装ZigBee烟雾探测节点。连接方式：先把ZigBee节点和烟雾传感器安装到网孔架上,从开关电源1(220转12 V)输出端引出正极与接线端子5一端相连从接线端子5另一端引出1根线跟烟雾传感器的正极相连,从开关电源2(220转12 V)输出端引出负极与接线端子4一端相连从接线端子4另一端引出1根线与烟雾传感器的负极相连。通过标准485接口让烟雾的p0.0和p1.3与CC2530节点进行供电和通讯,连接方式如图4-16所示。

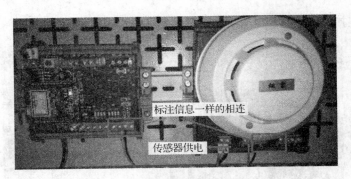

图 4-16 烟雾硬件连接图

（5）安装 ZigBee 语音报警节点。连接方式：先把 ZigBee 节点和语音报警器安装到网孔架上，通过标准 485 接口让语音报警的 VCC、GND、P0 口和 CC2530 节点进行供电和通讯，连接方式如图 4-17 所示。

图 4-17 语音报警硬件连接图

（6）ZigBee 节点、中央控制系统协调器供电接线。连接方式：从开关电源 2（220 转 5 V）输出端引出正极与接线端子 3 一端相连从接线端子 3 另一端引出 6 根线分别于 ZigBee 光照度节点、ZigBee 温湿度节点、ZigBee 窗帘控制节点、ZigBee 风扇控制节点、ZigBee 协调器、中央控制器的正极相连，从开关电源 2（220 转 5 V）输出端引出负极与接线端子 3 一端相连从接线端子 3 另一端引出 6 根线分别于 ZigBee 人体红外节点、3 个 ZigBee 灯光控制节点、ZigBee 协调器、中央控制器的负极相连所示。

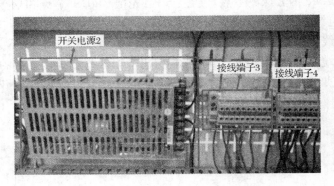

项目四 智能安防系统设计开发

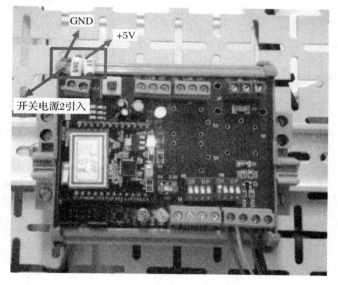

图 4-18 系统电源连接图

2. 安防系统搭建

具体开发环境搭建看,项目一智能灯光控制系统的设计开发。

其中 ZigBee 节点下载代码如上所示其中 ZigBee 协调器下载 Coordinator_Exp.hex、烟雾、燃气、火焰、人体红外节点下载 EDevSensor_Emu.hex、语音报警节点下载 EDevOther_Emu.hex 代码。

所有软件下载完成后,对系统硬件供电,供电之后查看网关上,保证传感器都加载到 ZigBee 网络上,然后进入"设置界面",选择"普通用户",再点击一下密码输入区,然后在键盘上输入数字"1",点击"确认"就进入了用户设置界面,如图 4-19 所示。

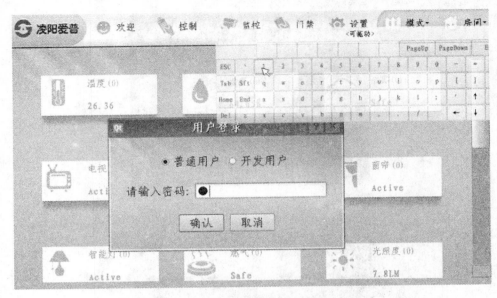

图 4-19　普通用户登录

如下图所示为用户设置界面，用户可以在这里选择性的打开或者关闭"燃气""烟雾""火焰""人体红外"四种传感器的报警状态。如图 4-20 所示。

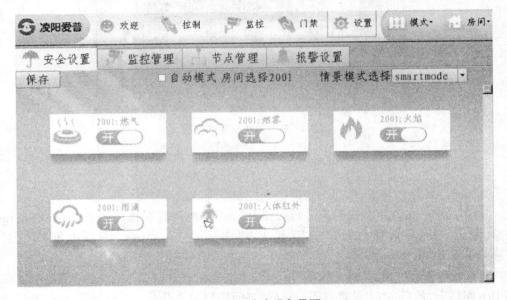

图 4-20　安全设备界面

点击进入"报警设置"，把"语音报警"选中，然后进入"控制"界面。

项目四　智能安防系统设计开发

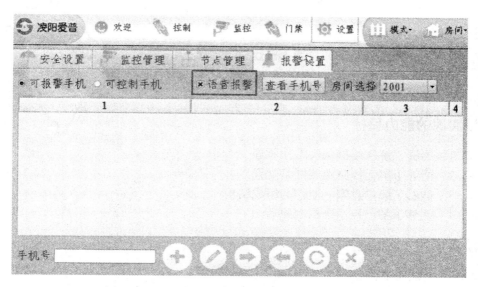

图 4-21　报警设置界面

本次实训中我们将"燃气""烟雾""火焰""人体红外"的报警状态都打开,然后分别去触发每个传感器,观察语音报警器的报警声音。

自主学习任务

系统实现了可以通过语音报警对环境内部的安防进行警报,提出一个方案可以实现通过手机的方式对安防信息进行报警

每次课程意见反馈表(建议 5 分钟)

日期：　　　年　　　月　　　日

我喜欢的：☺	
我不喜欢的：☹	
我不理解的：❓	

· 111 ·

项目五　智能监控系统设计开发

拟实现的能力目标

N5.1　能够了解网络摄像头工作原理
N5.2　能够了解无线路由器网络配置
N5.3　能够了解信息家电监控的组成结构
N5.4　能够了解监控系统控制原理

须掌握的知识内容

Z5.1　无线路由器配置
Z5.2　网络摄像头配置
Z5.3　监控中心网络配置

任务一　智能监控系统需求分析

任务情景

北京凌阳爱普科技有限公司受江苏经贸职业技术学院委托，开发一个信息家电实训仿真平台。北京凌阳爱普科技有限公司组成了完成此项目的项目开发小组。作为本项目的产品经理，现在需要与江苏经贸职业技术学院物联网专业的相关老师确定此实训平台的主要功能需求，撰写相关的系统需求文档。

根据用户需求，信息家电实训仿真平台需要实现智能灯光控制系统、门禁控制系统、智能环境控制系统、智能安防系统、智能监控系统等功能。本任务中，要求对智能监控系统进行需求分析，撰写相关的系统需求文档。

任务分析

要了解智能灯光控制系统的主要功能需求，需要解决以下问题：
(1) 什么是智能监控？
(2) 智能监控的应用领域？
(3) 本项目的智能监控功能有哪些？

支撑知识

智能监控

网络视频监控（Emulex）就是通过有线、无线 IP 网络、电力网络把视频信息以数字化的形式来进行传输。只要是网络可以到达的地方就一定可以实现视频监控和记录，并且这种监控还可以与很多其他类型的系统进行结合。

系统功能现状

与传统的视频监控相比,网络视频监控更便于计算机进行视频信息的压缩、储存、分析、显示以及报警等自动化处理,从而实现无人值守;通过网络平台实现了远距离监控,即使是数千公里外也能达到亲临现场的效果;利用先进的软件系统不仅在几分钟内便可完成传统视频监控中大量的数据分析,提高了监控效率,且能获得更为逼真、清晰的数字化图像质量与更为便捷、实用的监控管理和维护。总之,网络视频监控是一项集计算机、网络、通信以及视频编解码等多项高新技术的整合产品。

通常模拟摄像机后面需要连很多的线,分别传输视频、音频信号。模拟信号在后端的处理和管理也存在诸多弊端。在数字化管理平台中,模拟信号需要首先被转化成数字信号存储、归档、查询,到调阅查询时,又往往需要被还原成模拟信号。面临实时查询、跨部门实时信息共享等复杂需求时,模拟视频监控数据处理的低效之弊更是暴露无遗。

网络视频监控主要的优势

(1) 高效实现远程监控

如果需要实现跨地域远程监控,就应该首选网络视频监控系统。当然,某些硬盘录像机也具有网络传输的功能,但硬盘录像机是着重于本地录像,远程传输的效率远不及网络摄像机、网络视频服务器,软件功能也不大完善。而网络摄像机、网络视频服务器,是专为实现远程监控而设计,网络传输效率非常高,而且其客户端软件也比录像机的软件要专业、好用得多。

(2) 利用原有局域网,无需另布视频线

传统监控系统的实施是要专门铺设视频线、音频线、控制线的。而大型企事业单位,通常占地面积很大,铺设这些线路费时、费力、费钱,而网络监控系统则无需专门布线,可以利用企业原有的局域网来传输视频、音频以及控制信号,安装方便多了。

(3) 可多人同时监控,无需上监控中心

传统监控系统需要专门设置一个监控中心,单位的管理者如果要查看监控画面或查看录像资料,必须跑去监控中心。如果安装了网络视频监控系统,则管理者可在自己的办公室,用自己的电脑监控实时画面或查看录像资料。而且多位管理者均可各自监控,互不影响。

(4) 多路图像集中管理

传统监控系统中,每台硬盘录像机最多只能管理32路图像。而网络视频监控则大大跨越了这个限制,一台电脑主机可以管理上千路图像,充分发挥出集中管理的优势。

(5) 分布式架构,易安装、易扩展

传统监控系统采用的是集中式架构,将所有视频线、音频线、控制线拉到监控中心,如要增加摄像机则需再布线。如果想搬迁监控中心,则工程浩大。而网络视频监控系统是采用分布式架构,各个网络摄像机、视频服务器分布在单位中的不同地方,而监控录像主机也可设在单位内的任何地方,接上网线即可。要增加摄像机、转移监控主机,可以随意进行,完全没有制约。

(6) 集合了监听、广播、报警、远程控制等

网络视频监控产品不仅只传输图像,还集合了多项功能,而这些信号全部通过网络传

输,无须另外布线。

具体功能如下:

① 监听:监控中心可以监听多个前端设备的声音。

② 广播:监控中心可选择对多个前端设备进行喊话。

③ 对讲:监控中心可与任何一个前端设备进行双向语音对讲。

④ 报警:网络摄像机、视频服务器均有报警输入端口,在中心管理软件中可以对前端的设备进行布撤防管理,报警时可以联动相应的视频窗口弹出、录像、电子地图闪动,甚至还可以联动摄像机转到相应的角度。

⑤ 远程控制:网络摄像机、网络视频服务器均有报警输出端口,监控中心可以控制输出端口输出信号,可用于控制电器的通断。

应用领域

教育:远程监控学校的操场、走廊、大厅以及教室,也包括对一些建筑物的监控;

交通:远程监控火车站、铁路轨道、高速公路以及机场的安全;

银行:应用于银行各分支机构或者是街头的ATM取款机,替代繁冗的传统安全监视手段;

政府:安保和监视应用,通常集成到已有的系统中;

商场:对各大型超市的分支机构进行安全监视和远程管理,方便快速高效的管理;

工业:对生产线、后勤部门、库房存储系统进行监控,提高了厂区的安全性。

任务同步训练

监控系统功能需求

智能家居中智能监控系统中通过摄像头可实时观看家居信息,实现网络监控的功能。

网络监控的功能:整套系统包含两个部分:网关和无线网络摄像头。网关负责提供人机对话的人机界面,无线网络摄像头负责检测家居情况,网关与网络摄像头之间通过无线路由器通讯,这样就使得网关和网络网络摄像头形成一个整体。

任务同步训练

通过对监控系统的需求了解,完善智能监控系统需求分析文档。

任务二 智能监控系统项目实施

任务引导训练

引导任务:

在信息家电中智能监控系统中通过摄像头可实时观看家居信息,实现网络监控的功能。

训练任务分析:

为了实现上述任务,需要掌握以下知识:

(1) 了解信息家电中智能监控系统的组成结构。
(2) 掌握智能监控中各模块的安装调试。
(3) 熟悉智能监控系统的开发过程。

支撑知识

1. 网络摄像头简介

网络摄像头简称 WebCam，英文全称为 Web Camera，是一种结合传统摄像机与网络技术所产生的新一代摄像机，它可以将影像透过网络传至地球另一端，且远端的浏览者不需用任何专业软件，只要标准的网络浏览器（如 Microsoft IE 或 Netscape），即可监视其影像。

网络摄像头是传统摄像机与网络视频技术相结合的新一代产品，除了具备一般传统摄像机所有的图像捕捉功能外，机内还内置了数字化压缩控制器和基于 Web 的操作系统，使得视频数据经压缩加密后，通过局域网，Internet 或无线网络送至终端用户。而远端用户可在 PC 上使用标准的网络浏览器，根据网络摄像机的 IP 地址，对网络摄像机进行访问，实时监控目标现场的情况，并可对图像资料实时编辑和存储，同时还可以控制摄像机的云台和镜头，进行全方位地监控。

镜头

镜头作为网络摄像机的前端部件，有固定光圈、自动光圈、自动变焦、自动变倍等种类，与模拟摄像机相同。

图像声音传感器

图像传感器有 CMOS 和 CCD 两种模式。CMOS 即互补性金属氧化物半导体，CMOS 主要是利用硅和锗这两种元素所做成的半导体，通过 CMOS 上带负电和带正电的晶体管来实现基本的功能的。这两个互补效应所产生的电流即可被处理芯片记录和解读成影像。CMOS 针对 CCD 最主要的优势就是非常省电。不像由二极管组成的 CCD、CMOS 电路几乎没有静态电量消耗。这就使得 CMOS 的耗电量只有普通 CCD 的 1/3 左右，CMOS 重要问题是在处理快速变换的影像时，由于电流变换过于频繁而过热。暗电流抑制的好就问题不大，如果抑制的不好就十分容易出现坏点。

CCD 图像传感器由在单晶硅基片上呈二维排列的光电二极管及其传输电路构成。光电二极管把光转化成电荷，再经转化电路传送和输出。通常，传送优良图像质量的设备都采用 CCD 图像传感器，而注重功耗和成本的产品则选择 CMOS 图像传感器。但新的技术正在克服每种器体固有的弱点，同时保留了适合于特定用途的某些特性。这一部分与模拟摄像机相同。声音传感器即拾声器或叫麦克风，与传统的话筒原理一样。

A/D 转换器

A/D 转换器的功能是将图像和声音等模拟信号转换成数字信号。

基于 CMOS 模式的图像传感器模块有直接数字信号输出的接口，无须 A/D 转换器；而基于 CCD 模式的图像传感器模块如有直接数字输出的接口，亦无须 A/D 转换器，但由于此模块主要针对模拟摄像机设计，只有模拟输出接口，故需要进行 A/D 转换。

图像声音编码器

经 A/D 转换后的图像、声音数字信号,按一定的格式或标准进行编码压缩。编码压缩的目的是为了便于实现音/视信号与多媒体信号的数字化;便于在计算机系统、网络以及万维网上不失真地传输上述信号。

任务同步训练

任务描述

通过对任务的需求认知和理论学习之后,接下来需要对整个系统进行组建,对系统的组建需要做以下训练:

(1) 路由器设置。

(2) 硬件连接设置。

(3) 摄像头设置。

1. 设置无线路由

配置无线路由是为了系统在初始化的时候能获取路由器随机分配的 IP 地址,实现 Wi-Fi 通信。以 Windows 2000/XP 为例,参考路由器使用说明书,将电脑和路由器用网线连接。

在打开的 IE 浏览器地址栏中输入"http://192.168.1-1",然后回车,在弹出的对话框中输入用户名和密码,默认均为 admin,完成后点击"确定"按钮,如图 5-1 路由设置界面。

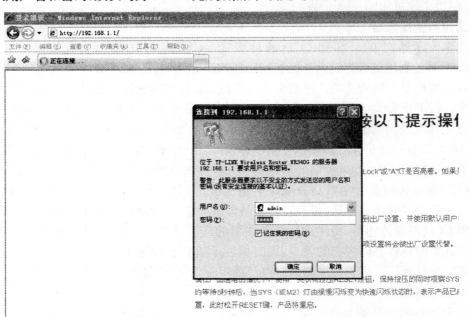

图 5-1 进入路由配置界面

进入路由器设置界面,选择右侧的"设置向导"栏,然后单击设置向导中"下一步"按钮,如图 5-2。

图 5-2　路由设置向导

在设置向导中选择上网方式,单击"下一步",如图 5-3。

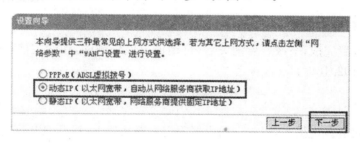

图 5-3　设置动态 IP 分配

在设置向导中设置上网参数,修改 SSID 为自己要设置的名字如图 5-4(此名字后面在制作镜像时要用到),设置 SSID 如"MERCURY",如果比赛时室内路由器较多的话请注意设置"SSID"选项卡下面的"信道",保证你的信道和别人的不冲突。信息家电系统的 SSID 为"SUNPLUSAPP-WSN1"。设置完毕单击"下一步"。

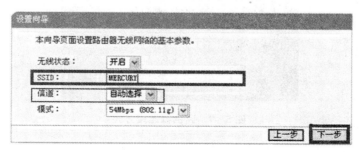

图 5-4　设置 SSID

在设置向导中选择是否开启无线安全,选择"不开启无线安全",单击下一步,如图5-5所示。

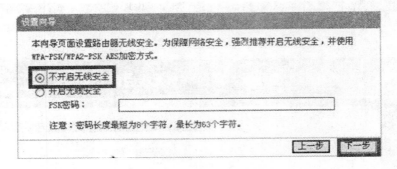

图5-5 设置路由无密码

在设置向导中保存设置,点击"完成"按钮,如图5-6所示。

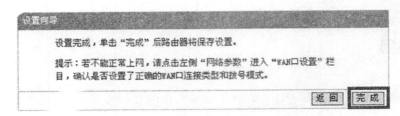

图5-6 路由设置完成

无线路由设置完成,下次开启网关后,自动加入该局域网,在网关液晶上可以看到网关的IP地址:"192.168.1.＊＊＊"。

2. 硬件连接

路由器的安装。连接方式:先把路由器固定在网孔架上,然后把电源适配器插在插排上,从路由器中引出2条网线,一条根中央控制器相连,另外一条根摄像头相连,如图5-7所示。

图5-7 路由器连接方式

中央控制器、摄像头供电接线。连接方式：从开关电源 2(220 V 转 5 V)输出端引出正极与接线端子 3 一端相连从接线端子 3 另一端引出 2 根线分别于中央控制器、摄像头的正极相连，从开关电源 2(220 转 5 V)输出端引出负极与接线端子 4 一端相连，从接线端子 4 另一端引出 2 根线分别于中央控制器、摄像头的负极相连，如图 5-8、5-9 所示。

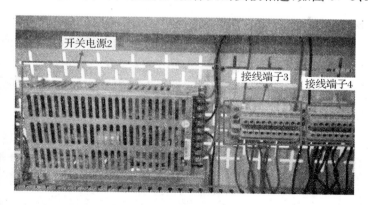

图 5-8 电源连接方式

图 5-9 网络摄像头

3. 网络摄像头设置

首先打开网络摄像头光盘资料,点击"网络摄像机",如图 5-10 所示。进入"搜索配置设备"选择高级模式,如图 5-11 所示。

图 5-10 设置界面

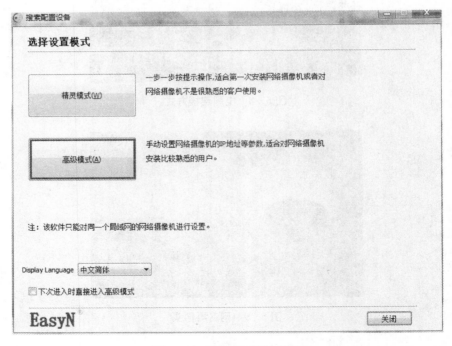

图 5-11 高级模式进入界面

如果在设备列表中没有发现摄像头，注意检查摄像头、PC 机是不是通过路由器进行连接，并把 PC 机的网络设置为自动搜索 IP 地址。当搜索到设置后如图 5-12 所示。

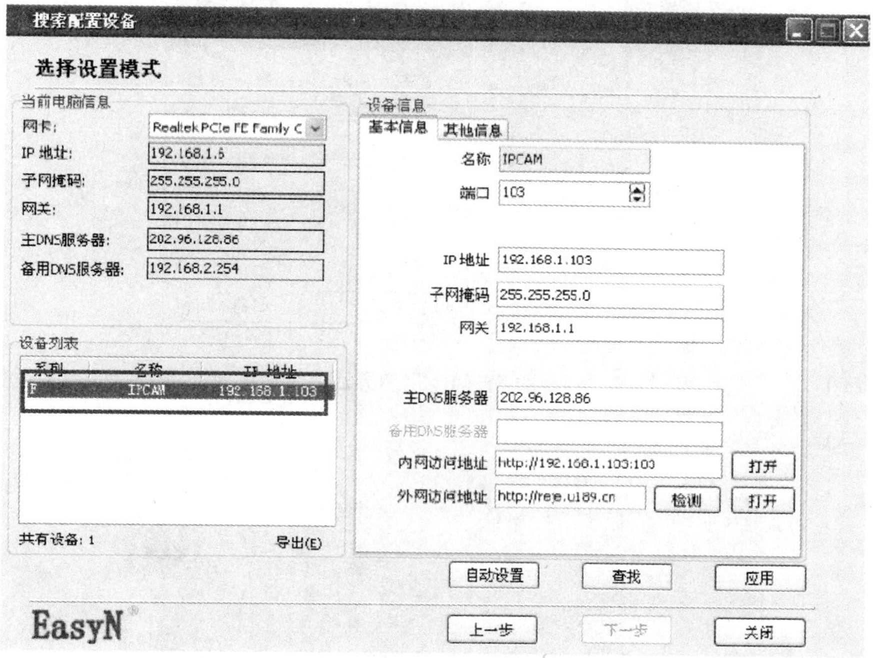

图 5-12 摄像头设置界面

这时点击内部访问地址后面的"打开"，这时进入网页登陆界面，如图 5-13 所示，根据自己使用的浏览器选择"登录"按钮，用户名：admin 密码：无，如图 5-14，进入网页设置界面如图 5-15 所示。

图 5-13 登录界面

信息家电工程设计与实施

图 5-14 用户界面

图 5-15 设置界面

点击界面下的齿轮按钮  ，进入设置界面如图 5-16 所示。

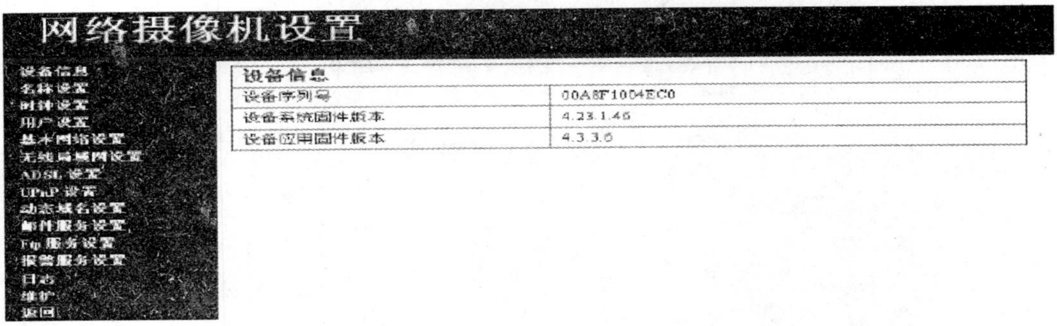

图 5-16 设置界面

进入无线局域网设置，设置和你连接的无线路由器的 SSID，设置界面如图 5-17

所示。

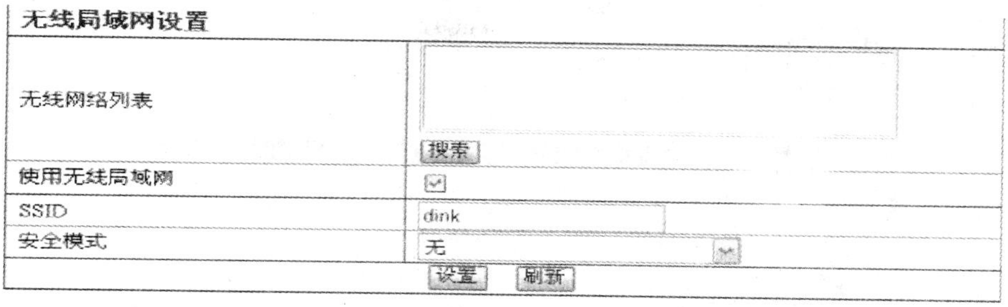

图 5-17 SSID 设置界面

进入基本网络设置。设置固定的 IP 地址和 HTTP 端口用来和中央控制器进行通讯。如图 5-18 所示。

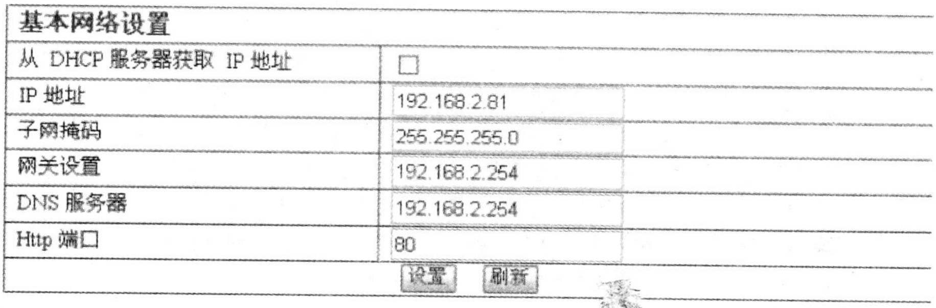

图 5-18 基本网络设备

重新启动摄像头。

具体开发环境搭建看，综合实训——智能灯光控制系统的设计开发，在智能灯光控制系统设计开发中网关程序代码下载好之后一般不要重新更新。

3. 软件工作流程

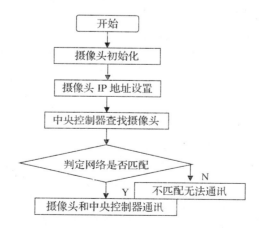

所有软件下载完成后，对系统硬件供电，供电之后查看网关上，进入监控界面如图5－19所示。注意查看相对应查找的摄像头的名称和端口，这里的名称和端口，跟前面讲的设置摄像头的基本网络设置的配置一样。，如果设置不同可以进入“设置”界面，监控管理中添加网络摄像头地址。

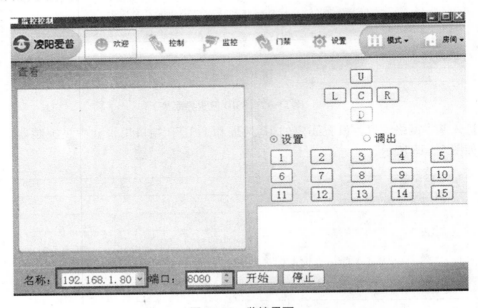

图 5－19　监控界面

	名称	地址	端口	房间
1	IPCCAM1(p2p)	192.168.1.80	8080	1
2	IPCCAM2(p2p)	192.168.1.81	8081	1
3	IPCCAM4(p2p)	172.20.20.82	82	1
4	IPCAM4	192.168.1.83	8084	1
5	IPCAM3	192.168.1.83	8083	1

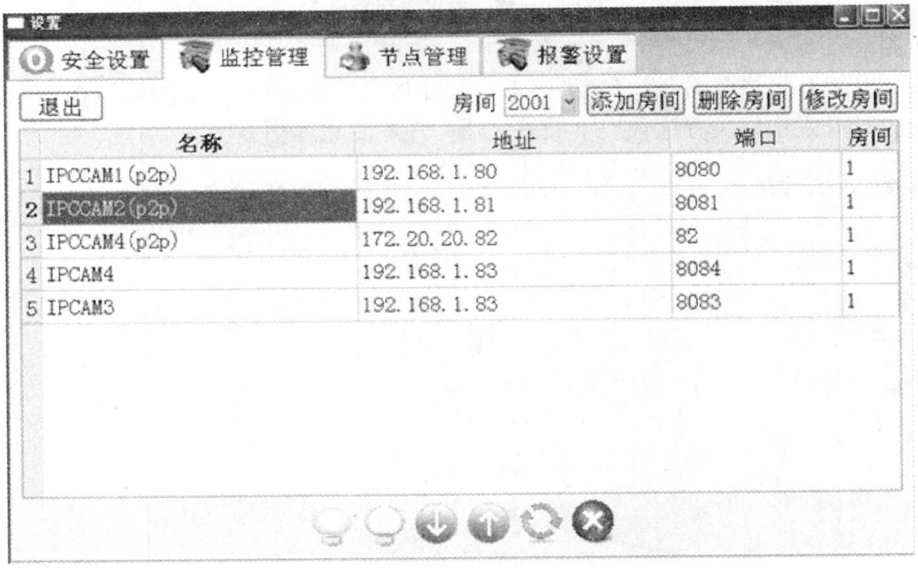

图 5－20　监控设置界面

设置成功之后，进图监控界面，选择对应的摄像头，点击“开始”按钮，摄像头摄像界面就会显示出来。

自主学习任务

通过对网络摄像头的认知,设置变量能够实现单平台多监控界面。

每次课程意见反馈表(建议 5 分钟)

日期：　　　年　　　月　　　日

我喜欢的：☺
我不喜欢的：☹
我不理解的：❓